Dieter Brendt

# Zeitmanagement für den Bauleiter

W0296553

Für Ulrike

# Zeitmanagement für den Bauleiter

Mittel und Wege der Zeitplanung und Selbstorganisation – Zeitgewinn durch Führungstechniken – Stressbewältigung

Dipl.-Psych. Dieter Brendt

4. Auflage

TAE

Kontakt & Studium
Band 610

Herausgeber:
Prof. Dr.-Ing. Dr. h.c. Wilfried J. Bartz
Dipl.-Ing. Hans-Joachim Mesenholl
Dipl.-Ing. Elmar Wippler

expert verlag®

**Bibliografische Information Der Deutschen Bibliothek**

Die Deutsche Bibliothek verzeichnet diese Publikation
in der Deutschen Nationalbibliografie;
detaillierte bibliografische Daten sind im Internet über
http://www.dnb.de abrufbar.

**Bibliographic Information published by Die Deutsche Bibliothek**

Die Deutsche Bibliothek lists this publication
in the Deutsche Nationalbibliografie;
detailed bibliographic data are available on the internet at
http://www.dnb.de .

ISBN 978-3-8169-3125-6

4. Auflage 2013
3. Auflage 2008
2., durchgesehene Auflage 2007
1. Auflage 2003

Bei der Erstellung des Buches wurde mit großer Sorgfalt vorgegangen; trotzdem lassen sich Fehler nie vollständig ausschließen. Verlag und Autoren können für fehlerhafte Angaben und deren Folgen weder eine juristische Verantwortung noch irgendeine Haftung übernehmen.
Für Verbesserungsvorschläge und Hinweise auf Fehler sind Verlag und Autoren dankbar.

© 2003 by expert verlag, Wankelstr. 13, D-71272 Renningen
Tel.: +49 (0) 71 59-92 65-0, Fax: +49 (0) 71 59-92 65-20
E-Mail: expert@expertverlag.de, Internet: www.expertverlag.de
Alle Rechte vorbehalten
Printed in Germany

Das Werk einschließlich aller seiner Teile ist urheberrechtlich geschützt. Jede Verwertung außerhalb der engen Grenzen des Urheberrechtsgesetzes ist ohne Zustimmung des Verlags unzulässig und strafbar. Dies gilt insbesondere für Vervielfältigungen, Übersetzungen, Mikroverfilmungen und die Einspeicherung und Verarbeitung in elektronischen Systemen.

## Herausgeber-Vorwort

Bei der Bewältigung der Zukunftsaufgaben kommt der beruflichen Weiterbildung eine Schlüsselstellung zu. Im Zuge des technischen Fortschritts und angesichts der zunehmenden Konkurrenz müssen wir nicht nur ständig neue Erkenntnisse aufnehmen, sondern auch Anregungen schneller als die Wettbewerber zu marktfähigen Produkten entwickeln.

Erstausbildung oder Studium genügen nicht mehr – lebenslanges Lernen ist gefordert! Berufliche und persönliche Weiterbildung ist eine Investition in die Zukunft:

- Sie dient dazu, Fachkenntnisse zu erweitern und auf den neuesten Stand zu bringen
- sie entwickelt die Fähigkeit, wissenschaftliche Ergebnisse in praktische Problemlösungen umzusetzen
- sie fördert die Persönlichkeitsentwicklung und die Teamfähigkeit.

Diese Ziele lassen sich am besten durch die Teilnahme an Seminaren und durch das Studium geeigneter Fachbücher erreichen.

Die Fachbuchreihe *Kontakt & Studium* wird in Zusammenarbeit zwischen der Technischen Akademie Esslingen und dem expert verlag herausgegeben.

Mit über 700 Themenbänden, verfasst von über 2.800 Experten, erfüllt sie nicht nur eine seminarbegleitende Funktion. Ihre eigenständige Bedeutung als eines der kompetentesten und umfangreichsten deutschsprachigen technischen Nachschlagewerke für Studium und Praxis wird von der Fachpresse und der großen Leserschaft gleichermaßen bestätigt. Herausgeber und Verlag freuen sich über weitere kritisch-konstruktive Anregungen aus dem Leserkreis.

Möge dieser Themenband vielen Interessenten helfen und nützen.

Dipl.-Ing. Hans-Joachim Mesenholl　　　　Dipl.-Ing. Elmar Wippler

# Vorwort

Kurz und bündig – damit Sie schnell von unserem Buch profitieren:

Seit Erscheinen der 1. Auflage von „Zeitmanagement für den Bauleiter“ bot sich mir als Trainer und Coach vielfach die Möglichkeit, Inhalte und Methoden Bauleitern im Rahmen von firmeninternen und frei ausgeschriebenen gleichnamigen Veranstaltungen zu präsentieren. Das überaus positive Echo hat mich darin bestärkt, das Buch in nahezu unveränderter Form erneut auflegen zu lassen. Meinen neuen Lesern wünsche ich ebenso viel Erfolg darin, Denkanstöße aus unserem Buch aufzugreifen, konsequent umzusetzen und auf diese Weise ihr Zeitmanagement weitgehend zu optimieren.

Dieter Brendt

# Inhaltsverzeichnis

# 1 Wegweiser durch das Buch

Die Kapitel unseres Buches lassen sich drei großen Themenfeldern zuordnen:

- Mittel und Wege der Zeitplanung und Selbstorganisation (Kap. 2 – 7)
- Zeitgewinn durch Führungstechniken (Kap. 8 – 10)
- Stressbewältigung (Kap. 11)

Das Inhaltsverzeichnis ermöglicht Ihnen einen ersten Überblick über die Themen der einzelnen Bereiche.

Dieses erste Kapitel, der „Wegweiser durch das Buch" hilft Ihnen, ganz konkret Zeit zu sparen. Verschaffen Sie sich mit ihm einen Eindruck vom Inhalt der einzelnen Kapitel. Jedes ist in sich abgeschlossen. Entscheiden Sie selbst, ob Sie alles in „in einem Rutsch" oder besonders Interessantes zuerst bearbeiten wollen, oder nur die Abschnitte, die Ihnen wichtig sind.

Kapitel 2 setzt sich grundsätzlich und einführend mit Gedanken zum Zeitmanagement auseinander. Sie hinterfragen sich einerseits im Hinblick darauf, wie gut Sie Ihre Arbeit beherrschen. Andererseits werden Zusammenhänge und Bedingungen geklärt, die dazu führen, dass Ihre Arbeit Sie beherrscht. Inwieweit Sie selbst dazu beitragen, erfahren sie über Ihr „Neigungsprofil".

In Kapitel 3 wird zunächst die Bedeutung klarer Ziele für erfolgreiches berufliches und privates Handeln im Allgemeinen und für Zeitmanagement im Besonderen thematisiert. Weiter lernen Sie Zielsetzungstechniken kennen und trainieren an Beispielen aus der Praxis, Ziele richtig zu formulieren. Schließlich wenden Sie das Gelernte an, um eigene Ziele zu setzen und Aktionsschritte zum Erreichen Ihrer Ziele zu bestimmen.

Drei Methoden der Zeitplanung werden ausführlich in Kapitel 4 dargestellt. In fünf Schritten nehmen Sie systematisch eine Zeitinventur vor. Sie erhalten konkrete Hinweise wie Sie ab heute Ihre Tagesplanung betreiben sollten. Mit Tagesstörblättern untersuchen Sie Art, Ursache und Wirkung von Störungen und Unterbrechungen Ihrer Arbeit.

Die von Bauleitern meist genannten Zeitfallen und Zeitdiebe werden in Kapitel 5 thematisiert. Ursachen und Gegenmaßnahmen werden eingehend erörtert. Dargestellt werden:

(1) Unklare Ziele
(2) Ungeplante, externe Störungen (Telefonate, unangemeldete Besucher)
(3) Zu wenig effektive, zu lange Besprechungen
(4) Zu viele, zu lange Telefonate, belanglose Inhalte
(5) Zu viel Plauderei
(6) Untergehen in der Informationsflut
(7) Arbeit anderer tun
(8) Routinearbeiten, persönliche Gewohnheit
(9) Schwächen der Mitarbeiter
(10) Perfektionismus, Pedanterie
(11) Schlechte Arbeitsplatzorganisation, Durcheinander
(12) Unentschlossenheit
(13) Wartezeiten, z.B. am Kopierer
(14) Unrealistische Zeitplanung: zu viel soll in zu kurzer Zeit erledigt werden
(15) Spontanes Handeln, Ungeduld.

Kapitel 6 ist der Prioritätensetzung gewidmet. Es werden drei Methoden vorgestellt, die sich in der baubetrieblichen Praxis gut bewährt haben. Sie wenden die ABC-Analyse an, um die Aufgaben in Ihrem Zeitplan nach ihrem Wert für das Erreichen Ihrer Ziele zu untersuchen. Mit dem Eisenhower-Prinzip ordnen Sie Aufgaben nach Wichtigkeit und Dringlichkeit. Die Menü-Methode hilft Ihnen, Ihren Tagesplan zu optimieren.

Mit den „Tipps zur Arbeitsökonomie“ in Kapitel 7 erhalten Sie zu sieben Grundsätzen Hinweise zur Optimierung Ihrer Selbstorganisation. Mit der Technik der „Schnellplanung in systematischen Schritten“ und der „Arbeitsrationalisierung durch Checklisten“ werden Ihnen Möglichkeiten geboten, dem ersten Grundsatz zu entsprechen: „Erst denken und überlegen – dann handeln!“

Die Ausführungen zu den beiden folgenden Appellen „Setzen Sie Ihre unbewussten Kräfte ein!“ und „Nutzen Sie Ihre Phantasie!“ liefern Ihnen Denkanstösse zum produktiven Denken und kreativen Handeln.

Unter der Devise „Beachten Sie Ihre innere Uhr!“ werden Sie angeregt, Ihren Tag „chronobiologisch“ unter die Lupe zu nehmen.

Die Übungen zu „Entspannen Sie sich bei starker Anspannung!“ und „Erleben Sie Ihre Arbeit positiv!“ unterstützen Sie dabei, Ihren Arbeitstag stressfreier zu gestalten.

Wozu und warum Zeitplanbücher nützlich sind erfahren Sie unter „Benutzen Sie ein Zeitplanbuch!“

In Kapitel 8 wird Ihnen vorgestellt, wie Sie in systematischer Form Ihre Mitarbeiter zu Zeitmanagement anleiten können. Orientiert am Führungskreislauf wird in vier Stufen herausgestellt, wie Sie Ihre Mitarbeiter informieren und beraten, bevor Sie mit ihnen Ziele vereinbaren und Maßnahmen planen, wie Sie Ihre Mitarbeiter „fördern durch fordern“ und mit Hilfe von Tätigkeitslisten und Personalerhebungsbogen das Arbeitsgeschehen erfassen, bewerten und neue Ziele ableiten.

Kapitel 9 handelt vom „Führen durch Delegieren“. Sie erhalten Gelegenheit, Ihre Einstellung zum Delegieren selbstkritisch zu analysieren. Im Weiteren lernen Sie das „Reifegrad-Modell“ kennen und für Ihre baubetriebliche Praxis nutzen.

Die Ausführungen in Kapitel 10 sind der effektiven Verhandlungsführung gewidmet. Sie erfahren, wie Sie in sieben Schritten gewinnbringend und zeitsparend argumentieren können.

Kapitel 11 bietet Ihnen Anregungen zur wirksamen Stressbewältigung im hektischen baubetrieblichen Alltag.

Mit der Checkliste zur Schlussbetrachtung prüfen Sie, was Sie am Ende umgesetzt haben sollten.

Literatur- und Stichwortverzeichnis, sowie Hinweise zum Autor stehen am Ende unseres Buches.

# 2 Grundsatzüberlegungen

*„Aber er zweifelte nicht daran, das Svedberg seine Aufgabe bewältigen würde. Er war ein guter Polizist. Vielleicht nicht besonders begabt, aber eifrig, und sein Schreibtisch war stets pedantisch aufgeräumt. Das machte ihn zu einem der besten, mit denen Wallander je zusammengearbeitet hatte."*

*Henning Mankell*

Nehmen wir einmal an, Sie sähen auf einer Baustelle einen Zimmermann mit einer stumpfen Säge arbeiten. Und nehmen wir weiter an, Sie sprächen ihn an und wiesen darauf hin, dass er seine Säge schärfen solle. Was würden Sie wohl von ihm halten, wenn er antwortete:

„Dafür habe ich keine Zeit, siehst Du nicht, dass ich in Druck bin und vorankommen muss. Und nun lass mich in Ruhe, ich muss nämlich sägen!"

Vermutlich würden Sie vollkommen zu Recht an der Kompetenz des Zimmermanns zweifeln. Schließlich weiß doch jeder, dass die Arbeit noch mal so schnell von der Hand geht, wenn sie gut vorbereitet ist. Oder – um es grundsätzlich auszudrücken:

Wir beherrschen unsere Arbeit, wenn wir

- klare Ziele haben
- uns Übersicht verschaffen
- durchdacht planen
- das Richtige zur richtigen Zeit erledigen
- uns und andere effizient informieren
- vollständig und mitarbeitergerecht delegieren
- ökonomisch handeln
- positiv mit Zeitdruck und beruflichen Anforderungen umgehen
- angemessen Stress bewältigen.

Unsere Arbeit beherrscht uns, wenn wir immer wieder aufs Neue

- Arbeitsüberlastung und Zeitnot erfahren
- reagieren statt agieren
- gestaltet werden statt gestalten
- Störungen zulassen
- wichtige Arbeiten erst nach offiziellem Arbeitsschluss erledigen
- Berufs-Freizeit-Konflikte erleben.

Gelingt es uns nicht gegenzusteuern, unsere Zeit optimal zu gestalten, zu lenken statt gelenkt zu werden, wirkt sich das unmittelbar auf unsere berufliche Handlungskompetenz aus:

Wir nutzen nur noch 30 bis 40 Prozent unseres Potenzials!

## 2.1 Wie gut beherrschen Sie Ihre Arbeit?

Wenn Sie ihre Möglichkeiten besser ausschöpfen wollen, finden Sie in diesem Buch anregende Methoden und Techniken.

Vergeuden Sie keine Zeit, sondern investieren Sie ein wenig Zeit – es wird sich mehr als auszahlen. Machen Sie den ersten Schritt:

Nutzen Sie den nachfolgenden „Fragebogen zur Beurteilung der eigenen Arbeit“!

Kreuzen Sie bitte zu jeder Aussage an, wieweit diese zutrifft, ob eher

- „fast nie“,
- „manchmal“,
- „häufig“ oder
- „fast immer“.

Vergegenwärtigen Sie sich Ihre berufliche Situation. Entscheiden Sie spontan, ohne lange zu zögern!

| Fragebogen zur Beurteilung der eigenen Arbeit | | | | |
|---|---|---|---|---|
| Aussage | fast nie | manch-mal | häufig | fast immer |
| 1. Jeden Arbeitstag plane ich im Voraus – spätestens am Vorabend. | 0 | 1 | 2 | 3 |
| 2. Ich halte mir jeden Tag Zeit für gedankliche und schöpferische Arbeiten frei. | 0 | 1 | 2 | 3 |
| 3. Ich delegiere soviel wie möglich. | 0 | 1 | 2 | 3 |
| 4. Für meine Aufgaben lege ich Ziele und Endtermine fest. | 0 | 1 | 2 | 3 |
| 5. Ich bearbeite Vorgänge konsequent, nehme jede Akte / jedes Schreiben nur einmal in die Hand. | 0 | 1 | 2 | 3 |
| 6. Ich erstelle täglich eine Liste mit zu erledigenden Aufgaben, geordnet nach Wichtigkeit und Dringlichkeit. Wichtige und dringende Aufgaben erledige ich zuerst. | 0 | 1 | 2 | 3 |
| 7. Ich halte den Arbeitstag von Störungen (Telefon, unangemeldete Besucher etc.) weitgehend frei. | 0 | 1 | 2 | 3 |
| 8. Mein Zeitplan hat Pufferzeiten, um auf akute Probleme und Unvorhergesehenes reagieren zu können. | 0 | 1 | 2 | 3 |
| 9. Meine Aktivitäten sind auf jene Arbeiten ausgerichtet, die für meine Zielerreichung bedeutsam sind. | 0 | 1 | 2 | 3 |
| 10. Ich sage „nein", wenn andere meine Zeit beanspruchen wollen und ich Wichtigeres zu erledigen habe. | 0 | 1 | 2 | 3 |

Jeder Einschätzung ist eine Zahl von 0 bis 3 zugeordnet. Diese Zahl stellt Ihren Punktwert pro Aussage dar.

Addieren Sie bitte alle Werte zu Ihrem Gesamtpunktwert →

Zur Auswertung blättern Sie bitte um.

**Auflösung**

0-15 Punkte:

Sie haben nur eine unzureichende Zeitplanung. Sie werden von anderen getrieben. Es fällt Ihnen schwer, sich und andere richtig zu führen. Über Ihre Ziele haben Sie eher unklare Vorstellungen, Prioritäten setzen Sie nicht ausreichend. Mit dem Erwerb von „Zeitmanagement für den Bauleiter" haben Sie den ersten Schritt für einen besseren Umgang mit der Zeit getan, wenn Sie sich konsequent und diszipliniert mit den Anregungen auseinandersetzen.

16 – 25 Punkte:

Sie versuchen, Ihre Zeit in den Griff zu bekommen. Es fehlt Ihnen aber an der letzten Konsequenz, um immer und in unterschiedlichen Situationen erfolgreich zu sein. „Zeitmanagement für den Bauleiter" liefert Ihnen Methoden und Techniken, um diszipliniert Ihr Potenzial besser auszuschöpfen.

25 – 30 Punkte:

Ihr Zeitmanagement ist gut. „Zeitmanagement für den Bauleiter" hält aber vielleicht noch einige Tipps für Sie bereit, um im Umgang mit der Zeit in allen Belangen vorbildlich zu sein.

Übrigens – „Zeitmanagement für den Bauleiter" biete ich auch als Tagesseminar für Bildungsträger der Baubranche wie die „Technische Akademie Esslingen" an. Zu Beginn lasse ich den „Fragebogen zur Beurteilung der eigenen Arbeit" ausfüllen und auswerten.

Das Tortendiagramm auf der Folgeseite zeigt, wie viel Prozent der Teilnehmer/innen welche Punktzahl erzielten. Die Stichprobe erfasst 248 Teilnehmer/innen meiner Veranstaltungen von 1997 bis 2001.

**Prozentuale Verteilung der erzielten Gesamtpunkte**

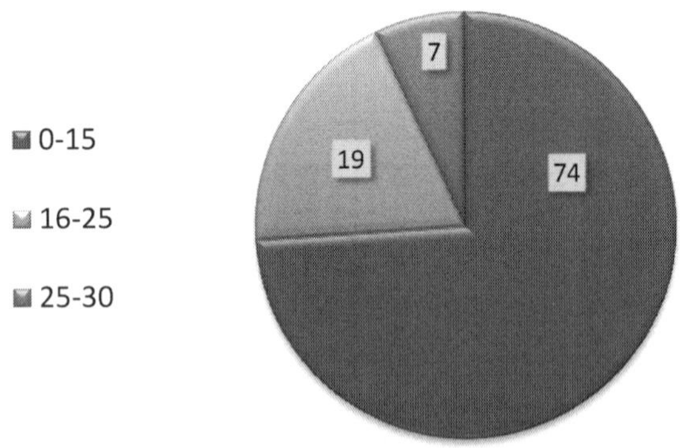


Sollten Sie also nicht das optimale Ergebnis erzielt haben – Sie befinden sich in bester Gesellschaft! Welche Umstände führen zu diesem Ergebnis?

## 2.2 Aus dem Alltag eines Bauleiters

In kaum einer anderen Branche herrscht so ein enger Termindruck wie im Baugeschäft: Einerseits steht der Endtermin unumstößlich, Verschieben kann richtig teuer werden. Andererseits sind Verzögerungen – weil sich beispielsweise das Material im Stau statt auf der Baustelle befindet oder wetterbedingte Unterbrechungen, Ablaufstörungen wegen Unfällen, Defekte an Baumaschinen und so weiter, und so weiter – normal – Tagesgeschäft eines Bauleiters.

Statt sein Projekt zu managen, wird der Bauleiter zum Feuerwehrmann. Kaum ist er in seinem Büro, klingelt sein Telefon. Der eine Polier schimpft, weil sein Beton noch nicht da ist, der andere teilt mit, dass sich sein Baggerführer krank gemeldet hat, ein Bauherr reklamiert eine Bauausführung, ein Architekt mahnt einen Terminverzug an, der Sicherheitskoordinator einer Großbaustelle kritisiert sicherheitswidrige Verhaltensweisen auf der Baustelle und, und, und – die Liste lässt sich beliebig fortführen.

Jede Meldung, jede Klage, jede Reklamation wird sofort eigenhändig bearbeitet. Schließlich – so denkt der Bauleiter – trägt er ja die Verantwortung. Außerdem – wenn er es selbst macht, geht's sowieso schneller. Ehe er seinen Polieren erklärt hat, was sie machen sollen, hat er deren Probleme schon längst gelöst. Übrigens – der eine meldet sich eine knappe Stunde später wieder, teilt mit, dass der neue Baggerfahrer von der Leiharbeitsfirma nichts taugt. Was er denn nun tun solle?

Auf diese Weise werden Energie, Durchsetzungsvermögen und Zähigkeit auf harte Proben gestellt. Nicht wenige halten das Geschehen für unabwendbar und fügen sich in ihr Schicksal. Wieso sollen sie ihre wertvolle Zeit nun auch noch zum Planen nutzen, wo die nächste Unterbrechung quasi vorprogrammiert ist. Wer kann denn schon „nein" sagen, wenn der Chef – „unverhofft kommt oft" – „vorbeischaut" und darum bittet, doch „mal eben" das Angebot für Herrn Ungeduldig fertig zu machen. Er träfe sich nachher zum Golf mit ihm und da ließe sich vielleicht etwas einfädeln. Gänzliche Resignation ist angesagt – oder?

Die Papiere auf dem Schreibtisch werden wieder umgestapelt. Wo war denn noch ...? Kein Wunder, dass Ärger und Frust wachsen. Und dann kommt auch noch Frau Nette aus der Buchhaltung und fragt nach den Stundenzetteln. Das schlechte Gewissen des Bauleiters meldet sich, als die arg kurz angebundene Auskunft mehr als Unverständnis hervorruft. Schließlich darf doch jeder jederzeit zu ihm, wenn er ein Problem hat. Für seine Mitarbeiter und Kollegen ist unser Bauleiter immer da. Ob er sich wohl gerne stören lässt?

Essen wollte er ja eigentlich auch noch etwas. Das lässt sich sicher auf dem Weg zur Baubesprechung erledigen. Der Polier hat übrigens zwischenzeitlich angerufen, dass der Leiharbeiter den Bagger sauer gefahren hat. Er hätte das ja schon vorausgesehen. Was er denn jetzt tun solle?

Natürlich kommt er zu spät zur Baubesprechung. Schließlich konnte er wohl kaum seinen jungen Kollegen „im Regen stehen lassen" als der bei seinem neuen Projekt um seine fachliche Unterstützung bat. Er hatte zwar bis dahin an einer eigenen kniffligen Problemstellung gearbeitet ... aber wenigstens hat er das Angebot für den Chef fertig. Und außerdem – man weiß ja – der Verkehr ist unberechenbar, das kennen alle und alle haben auch Verständnis dafür. Alle?

Außerdem – was geht hier eigentlich ab? Was ist Thema? Wieso muss ich überhaupt dabei sein? Die Baubesprechung dauert jetzt schon 40 Minuten, und es werden nur Themen behandelt, die andere betreffen. Und die tun so, als ob sie das Alles zum ersten Mal gehört hätten. Ist das denn die Möglichkeit?

Der oben erwähnte Architekt meldet sich in der Besprechung. Er habe keine Lust mehr, weiter zu warten. Das sei wohl typisch für das Unternehmen. Wegen des Terminverzugs lege er nun Rechtsmittel ein... – gut, dass es ein Handy gibt. Schnell, raus aus der Besprechung und die Wogen glätten. Gerade noch mal gut gegangen?

Die anderen Besprechungsteilnehmer warten zwischenzeitlich. Nicht nur, dass alle vorwurfsvoll blicken – einer schlägt sogar mitfühlend lächelnd vor, zukünftig Handys auszuschalten. Das Thema erledigt sich, als sein Handy klingelt. Wieso eigentlich?

Gott sei's gelobt, diese Baubesprechung ist nun endlich auch zu Ende. Auf dem Weg zum nächsten Termin liegt die Lieblingsimbissbude unseres Bauleiters. Den Inhaber kennt er noch aus der Grundschule. Zu dumm, dass ihr nettes „Schwätzchen" so lang dauerte. Unser Bauleiter konnte aber doch nicht einfach so abhauen. So oft sieht er seinen Freund nun wieder auch nicht. Nun muss er aber wirklich los, steigt ins Auto und fährt – noch ganz in Gedanken – in Richtung Firma statt zur Baustelle, wo der Bauherr auf ihn wartet. Kehrt um, legt ein wenig an Tempo zu – wie konnte er nur den Blitzer vergessen?

Das Gespräch mit dem Bauherrn verlief unerwartet sachlich und konstruktiv. Ganz vernünftiger Mann – wenn nur alle so wären. Da ist der Bürokrat auf dem Amt, wo er jetzt hin muss, schon ein anderes Kaliber. Ob er da wohl seine Nachforderung durchkriegt? Der zeigte sich bei der Auftragsvergabe schon als „Erbsenzähler" ... War ja voraus zu sehen, dass er Schwierigkeiten machen würde, oder?

Endlich zurück in der Firma. Oh, den Auftrag seiner Frau vergessen. Dabei ist er an „zig" Läden vorbeigekommen. Er kann sich ja auch wirklich nicht um alles kümmern. Na ja, vielleicht schafft er es am Feierabend.

Sein Schreibtisch ist in der Zwischenzeit voller geworden. Da liegt jetzt auch noch die Post und eine zweiseitige Aktennotiz von Frau Nette über Mängel seiner Buchführung. So was macht sie immer, wenn sie sich über ihn ärgert. Typisch! Während er die Post bearbeitet, klingelt immer wieder das Telefon. Hat sich wohl herumgesprochen, dass er wieder im Büro ist. An konzentriertes Arbeiten ist so nicht zu denken. Endlich 17.00 Uhr. Ruhe! Nun hat er Zeit für kreative, schöpferische Arbeiten. Bevor er anfängt, fragt er sich, was er denn eigentlich den ganzen Tag über gemacht hat.

Gegen 20 Uhr ist er zu Hause. Den Kleinen kann er gerade eben noch „Gute Nacht“ sagen. Und dann muss er sich mit seiner Frau auseinandersetzen, die zum wiederholten Mal damit beginnt, ihm Unzuverlässigkeit vorzuwerfen. An nichts denke er, er habe nur seine Firma im Kopf und, und, und. Sein Essen könne er sich nun selber aufwärmen und das wär's dann.

Als er später neben seiner Frau versucht einzuschlafen, fällt ihm der Anruf des Rechtsanwalts wieder ein. Er habe Bedenken, ob die Nachforderung rechtlich durchkomme. Nach VOB so und so, und dies und das ... er solle doch noch einmal versuchen, vernünftig mit dem Auftraggeber zu sprechen. Mensch, wie soll er das nur machen?

Kennen Sie auch solche Tage? Vielleicht nicht ganz so extrem, aber das eine oder andere kommt Ihnen mehr oder weniger, vielleicht sogar sehr bekannt vor? Wie auch immer – lassen sie sich durch den Alltag unseres Bauleiters anregen.

Nehmen Sie sich einen Augenblick Zeit und fragen Sie sich

- Nutzen sie Ihre verfügbare Zeit zum Planen oder haben Sie schon gänzlich resigniert?
- Besitzen Sie noch Energie, Durchsetzungsvermögen, Zähigkeit oder haben Sie sich in ihr Schicksal gefügt?
- Können Sie „nein“ sagen, bzw. wollen Sie es überhaupt, vor allem ihrem Chef gegenüber?
- Ärgern Sie sich, sind Sie frustriert aber tun nichts dagegen?
- Wieweit lassen Sie sich gerne ablenken ohne diese Schwäche zunächst offen zuzugeben?
- Wie energisch verhindern Sie Störungen?
- Wie lange arbeiten Sie konzentriert?
- Wie oft wechseln Sie Ihre Tätigkeiten?

Solche Fragen helfen Ihnen, Ihre Zeitfallen zu entdecken und Ihren Zeitdieben auf die Spur zu kommen.

Möglicherweise kannten Sie die ja auch schon vorher. Dann stellt sich natürlich die Frage, wieso Sie Ihr Verhalten nicht schon längst geändert haben.

## 2.3 Zeitmanagement – untypisch für Bauleiter?

Verhalten erklärt sich aus dem Zusammenspiel von Merkmalen, die die Situation kennzeichnen und Merkmalen, die in der Person liegen. Aus der Situation resultiert im beruflichen Kontext das Anforderungsprofil der Stelle. Bauleitende Tätigkeiten erfordern in hohem Maß analytisch-logisches Denken, Anpassungsfähigkeit, Durchsetzungsfähigkeit, Einsatzbereitschaft, Führungsfähigkeit, Frustrationsfähigkeit, Initiative, Kontaktstreben, Kommunikationsfähigkeit, Lernbereitschaft, Motivationsfähigkeit, schöpferische Fähigkeit, sprachliche Ausdrucksfähigkeit und Zielstrebigkeit. Mit Hilfe eines Persönlichkeitsprofils lässt sich erfassen, wieweit diese Eigenschaften ausgeprägt sind. Stimmen Persönlichkeitsprofil und Anforderungsprofil überein, sitzt der richtige Mann in der passenden Stelle.

Nun verlangen aber die unterschiedlichen Aufgaben des Bauleiters bestimmte Fähigkeiten besonders stark. So liegt auf der Hand, dass für den Umgang mit Neukunden vor allem Kontaktstreben, Kommunikationsfähigkeit und sprachliche Ausdrucksfähigkeit gefragt sind. Beim Baustellenmanagement ist besonders Flexibilität und Anpassungsfähigkeit, sowie Einsatzbereitschaft gefordert. Das Tagesgeschäft ist demnach geprägt durch Faktoren, die beim Zeitmanagement vernachlässigbar sind. Hier geht es vor allem um Struktur mit Hilfe analytisch-logischen Denkens.

Aus der Erfahrung leitet sich die Bestätigung für die Wahl der Vorgehensweisen ab. Erfolgreiche Strategien erhalten Verstärkung, andere Möglichkeiten werden vernachlässigt. Es ist sicher nicht so, dass man es nicht auch anders könnte – nur es hat sich in der Vergangenheit nicht so bewährt. Unter Druck wird eher auf gut ausgebildete und hoch geübte Fähigkeiten – typische Verhaltensweisen zurückgegriffen.

Der Erfolg eines Bauleiters wird am Endtermin gemessen. Hat er ihn, wie der Bauleiter in unserem Beispiel durch Flexibilität und Einsatzbereitschaft realisiert, erfährt er für seine Art die Dinge anzugehen positive Selbstbestätigung. Erst wenn Zeitdruck zu Leidensdruck wird, wird über alternative Möglichkeiten nachgedacht. Solange dies nicht geschieht, verhält sich unser Bauleiter in der für ihn charakteristischen Art und Weise immer aufs Neue. Er handelt typisch – es wird zu einer Art Charakterfrage, ob er die Chancen nutzt, die Zeitmanagement ihm bietet. Schließlich war unser Bauleiter bislang ohne Zeitmanagement erfolgreich – warum also sollte er sich ändern?

Wenn Sie durch Zeitmanagement Ihre berufliche Situation verbessern möchten, sollten Sie sich auch im Hinblick auf Ihre Neigung hinterfragen, bestimmte Verhaltensweisen zu bevorzugen. Nutzen Sie den Fragebogen, um Ihr Neigungsprofil zu ermitteln.

Denken Sie bei der Erstellung des Neigungsprofils an ihr berufliches Umfeld! Entscheiden Sie spontan, ohne lange zu zögern!

„++“ → starke Neigung zu der typischen Verhaltensweise links oder rechts
„+“ → schwache Neigung

| **Neigungsprofil → Zu welchem Typ tendieren Sie?** | | | | | |
|---|---|---|---|---|---|
| TYP F | ++ | + | + | ++ | TYP T |
| Handelt und überlegt dann, vielleicht | | | | | Überlegt und handelt dann, vielleicht |
| Folgt seinem Gefühl, nimmt Anleitungen als letzte Möglichkeit zur Hand | | | | | Liest Anleitungen, bemerkt Details |
| Fängt irgendwo an und überspringt Schritte | | | | | Beginnt am Anfang und geht schrittweise vor |
| Mag das Kreative | | | | | Mag Dinge, die klar und messbar sind |
| Bevorzugt persönliche Überzeugungen | | | | | Mag Logik |
| Wertet spontan, übersieht manchmal Fehler | | | | | Kritisiert aus dem Stand, findet sofort Fehler |
| Kann Menschen gut verstehen | | | | | Kann gut analysieren |
| Sieht die Dinge mit innerer Anteilnahme | | | | | Sieht die Dinge von außen |
| Mag Veränderung und Vielfalt | | | | | Mag klare Abläufe und feste Routine |
| Mag die grenzenlose Freiheit | | | | | Mag klare Grenzen und Kategorien |
| Kommt mit Terminsachen erst in letzter Minute zu Rande | | | | | Hält sich an Termine, plant im voraus |
| Bevorzugt einen flexiblen Lebensstil | | | | | Bevorzugt ein geregeltes Leben |

**Auflösung**

Je häufiger und je stärker Sie zu Typ **F** neigen, umso eher tendieren sie dazu, sich selbst als **F**euerwehrmann, „Hans Dampf in allen Gassen“ zu beschreiben. „Zeitmanagement für den Bauleiter“ bietet Ihnen Möglichkeiten, das zu ändern. Bei sehr gut ausgeprägten Tendenzen benötigen Sie jedoch ein gehöriges Maß an Konsequenz und Disziplin beim Erwerb neuer erfolgreicherer Verhaltensweisen.

Bei einer gut ausgeprägten Neigung zu Typ **T** haben Sie in Ihrer Persönlichkeit gute Voraussetzungen zum **T**imemanager. „Zeitmanagement für den Bauleiter“ liefert Ihnen Methoden und Techniken.

„Mischtypen“ sollten sich durch „Zeitmanagement für den Bauleiter“ anregen lassen, die eine oder andere Möglichkeit auszuprobieren.

# 3 Erfolgreiche Zielsetzung

Wenn Sie als Bauleiter mit Zeitmanagement in allen Belangen des beruflichen und privaten Lebens erfolgreich sein möchten, müssen Sie fähig sein, sich wohlgeformte Ziele zu setzen und sich die Frage nach Zweck, Nutzen bzw. Sinn zu stellen. Kein Architekt, kein Ingenieur, kein Handwerksmeister wird irgendetwas entwerfen oder planen, wenn er nicht weiß, wozu es nachher genutzt werden soll, welcher Verwendung es zugeführt werden soll, kurz, welchen Sinn das Ganze machen soll. Wer an der Optimierung seines Verhaltens arbeiten möchte, muss ein Gefühl für den Sinn von Veränderungen entwickeln.

Ziele sind keine Absichtserklärungen, wie wir sie zu Sylvester äußern, wenn wir uns dies und das im neuen Jahr vornehmen. Klare eigene Ziele unterscheiden sich grundsätzlich von solchen guten Vorsätzen. Sie sind weder unreflektiert übernommen noch stellen Sie fromme Wünsche dar. Wohlgeformte Ziele werden bewusst definiert und erschließen uns konkrete Möglichkeiten, unser Verhalten konsequent und systematisch zu optimieren. Unser Leben erhält Richtung und Sinn.

Wenn Sie Ihre Ziele definiert haben, behalten Sie auch in der Hektik des alltäglichen Baugeschäfts den Überblick. Selbst unter größter Arbeitsbelastung setzen Sie die richtigen Prioritäten und verstehen es, Ihre berufliche Handlungskompetenz optimal einzusetzen.

Bei der Verfolgung Ihrer wohlgeformten Ziele werden Sie erleben, wie sich emotionale Kräfte positiv auf Ihr Handeln auswirken. Jedes erreichte Teilziel, jeder Schritt in die vorgegebene Richtung, jeder Meilenstein bestätigt Sie in Ihrem Tun. Mit zunehmender Selbstbestätigung steigt Ihre Eigenmotivation, zusätzliche Energien werden freigesetzt.

Wohlgeformte Ziele stehen selbstverständlich im Einklang mit Ihrem persönlichen Leitbild, Ihrer persönlichen Philosophie. Damit werden Randbedingungen für Ziele aufgrund von individuellen Wertvorstellungen und persönlichen Stärken beschrieben.

Das persönliche Leitbild beantwortet die Fragen:

- Wer will ich sein?
- Wo will ich was leisten?
- Wer ist/wird Empfänger meiner Leistungen?
- Was sind meine zentralen Wertvorstellungen?
- Was ist für mich gut?
- Wie will ich leben?

Sowohl längerfristige als auch kürzerfristige Ziele sind positiv formuliert, konkret, beobachtbar und messbar und aus eigener Kraft erreichbar.

Klare Ziele beantworten die Frage:

- Was will ich bis wann erreicht haben?

Mit längerfristigen Zielen werden Strategien festgeschrieben. Es geht um längerfristige Verhaltensmuster zum Erreichen übergeordneter Ziele. Kürzerfristige Ziele sind eher taktischer Natur. Es werden Maßnahmen / Aktivitäten mit konkreten Terminen, Ablaufplan, Budget und Kapazitäten festgelegt.

Sowohl Strategien als auch Maßnahmen beantworten die Frage:

- Wie, auf welchem Weg will ich die gesetzten Ziele erreichen?

Wir unterscheiden prinzipiell drei Zielbereiche, die unterschiedliche Facetten aufweisen:

| **Unternehmensziele** | **Berufliche Ziele (Karriereziele)** | **Private Ziele (Lebensziele)** |
|---|---|---|
| - Mitarbeiter<br>- Stellenziele<br>- Personalauswahl und -entwicklung<br>- Teamentwicklung<br>- Betriebsklima<br>- Termineinhaltung<br>- Qualität<br>- Investitionen<br>- Projekte<br>- Innovationen<br>- | - Arbeitsplatzsicherheit<br>- Selbstverwirklichung<br>- Arbeit selbst<br>- Gehalt<br>- Kollegialität<br>- Wertschätzung<br>-<br>- | - Familie<br>- Gesundheit<br>- Sport<br>- Hobbies<br>- Verein<br>-<br>- |

Bei der Zielauswahl und Koordination ist auf Harmonie zu achten. Ziele aus unterschiedlichen Bereichen sollten sich ergänzen und nicht gegenseitig ausschließen. Einmal pro Jahr sollten Sie Ihre ausgewählten Ziele neu überdenken.

## 3.1 Zielsetzungstechniken

Doch bevor Sie sich daran machen, Ziele auszuwählen sollten Sie

1. Kriterien für wohlgeformte Ziele kennen und anwenden lernen und
2. sich damit auseinandersetzen, auf welche Art und Weise Sie Ihre Ziele erreichen – erfolgsmethodisch Maßnahmen / Aktionen formulieren

Sie werden nur dann in der Hektik des alltäglichen Baugeschäfts den Überblick behalten, wenn Sie Ihre Ziele schriftlich fixieren. Mit einem wohlgeformten Ziel legen Sie das Fundament dafür, Ihre Prioritäten richtig zu setzen und ihre Fähigkeiten optimal einzusetzen. So gewährleisten Sie, dass sie schnell und sicher ihr Ziel erreichen. Was sind wohlgeformte Ziele?

Wohlgeformte Ziele sind aus gutem Grund keine Verbote sondern Gebote. Elfmeterschützen, die sich vornehmen nicht zu scheitern, werden verschießen, weil sie nicht „nicht" denken können. Im Angesicht von Oliver Kahn haben Sie Ihr Scheitern und nicht Ihren Erfolg vor Augen.

Wir benötigen Zielbilder, die uns eine realistische Vorstellung vom Erfolg vermitteln. So, und nur so werden wir von innen motiviert. Wir handeln nicht, weil wir von außen dazu ermuntert, aufgefordert oder gar gezwungen werden, sondern weil wir es wollen, können und dürfen.

Deshalb sind richtig definierte Ziele

- positiv formuliert: Sie zeigen an, was erreicht werden soll und nicht, was vermieden werden soll.
- konkret fixiert: Mit Zahlen, Daten, Fakten sind sie messbar und überprüfbar.
- aus eigener Kraft erreichbar: Sie sind realistisch machbar, ansonsten blieben sie im Bereich der Utopie. Frustrationen wären vorprogrammiert.

- planbar: Mit Fristen und Terminen (wann) verfügen sie einerseits über einen festen zeitlichen Bezug. Andererseits werden räumliche (wo) und situative Aspekte (unter welchen Umständen) ebenfalls berücksichtigt, um den Gesamtzusammenhang zu beschreiben.

Aus den Kriterien für richtig definierte Ziele resultiert die Checkliste für wohlgeformte Ziele.

| **Checkliste für wohlgeformte Ziele → Ist das Ziel richtig formuliert?** | |
|---|---|
| Wohlgeformte Ziele erkennen Sie daran, dass ... | Fragen Sie |
| positiv und präzise formuliert ist was (und noch nicht wie es) erreicht (und nicht was vermieden) werden soll. | Was genau? |
| geklärt ist, wer verantwortlich ist; ist eigenhändiges Handeln möglich und realistisch oder bedarf es der Mitwirkung anderer – ist deren Einverständnis gesichert? | Wer?<br>(Mit wem?) |
| festgelegt ist, wo (in welchem Zielbereich) gehandelt werden soll. | Wo? |
| beobachtbare und messbare Erfolgskriterien vorliegen. | Wieviel? |
| Termine genannt sind: von ... bis / bis am ... ist ... erreicht. | Wann? |
| Randbedingungen geklärt sind, die ein Überdenken des Ziels erforderlich machen. Kosten-Nutzen-Überlegungen sind hier gefordert: maximale Investitionen, Auswirkungen auf andere Tätigkeiten – mögliche negative Konsequenzen. | Unter welchen Umständen? |

Die folgende Übung bietet Ihnen die Möglichkeiten, die Checkliste anzuwenden. Die angeführten Beispiele formulierten Bauleiter, die noch nicht mit den Kriterien für wohlgeformte Ziele vertraut waren.

Prüfen Sie, ob die aufgeführten Ziele wohlgeformt sind!
Formulieren Sie richtig!

**Übung zu „wohlgeformten Zielen"**

| Beispiel | Prüfung nach Checkliste: Ja ? / Nein ? | | | | | | Wohlgeformtes Ziel |
|---|---|---|---|---|---|---|---|
| | Was genau? | Wer? | Wo? | Wieviel? | Wann? | Wann nicht? | |
| Ich möchte schnellstens mein Zeitmanagement verbessern. | | | | | | | |
| Ab nächster Woche versuche ich mehr Zeit für meine Familie zu erübrigen. | | | | | | | |
| Ab Montag nehme ich nicht mehr an überflüssigen Baubesprechungen teil. | | | | | | | |
| Bis zum 31.12. telefoniere ich statt im Durchschnitt drei Stunden maximal zwei Stunden. | | | | | | | |
| Ich versetze meinen Polier X in die Lage das Projekt Y eigenverantwortlich zu leiten. Das erfordert Aufwendungen in Höhe von € ... | | | | | | | |

Ziele richtig zu formulieren ist das eine, Maßnahmen abzuleiten das andere. Wohlgeformte Ziele klären was Sie anstreben, Maßnahmen zeigen wie Sie dahin kommen, welche Mittel Sie dazu brauchen, was Sie tun müssen, um das Ziel zu erreichen, kurz: Maßnahmen sollen zum Ziel führen!

Je konkreter Sie Ihren Weg zum Ziel beschreiben, umso sicherer werden Sie Ihr Ziel auch erreichen. Sie verfügen über eine gute Wegebeschreibung, wenn Sie

- sich vorstellen können, dass sie Ihr Ziel schon erreicht hätten. Deutliche Zielbilder und klare Vorstellungen über die Vorgehensweise motivieren Sie, Ihr Ziel anzustreben und sichern, dass Sie sich genau darauf konzentrieren.
- Mittel, Maßnahmen und Zeitpunkte festlegen, um die richtigen Dinge in der richtigen Reihenfolge zum richtigen Zeitpunkt zu tun.
- in einem schriftlich fixierten Aktionsplan den inhaltlichen und zeitlichen Aufgabenumfang übersehen können und einzelne konkrete Schritte detailliert geplant haben.

## 3.2 Ihre Ziele in naher und ferner Zukunft

Genug der allgemeinen Überlegungen zur Zielsetzung!

Nehmen Sie sich jetzt ein wenig Zeit und legen Sie Ihre Ziele im Arbeitsblatt „Ziele“ auf der nächsten Seite fest.

- Fixieren Sie Ihre Ziele schriftlich.
- Verschaffen Sie sich Klarheit über alle drei Zielbereiche.
- Setzen Sie Prioritäten und achten Sie auf harmonische Zielabstimmung.
- Wenden Sie die Zielsetzungstechniken an, statt Ziele unbewusst oder unreflektiert zu übernehmen.

1. Bestimmen Sie für jeden Zielbereich wohlgeformte Ziele (wenigstens eins pro Zeile) und zwar jeweils

- kurzfristig (mehrere Tage bis Wochen)
- mittelfristig (mehrere Wochen bis Monate)
- langfristig (mehrere Monate bis Jahre)

2. Legen Sie fest, wie sie vorgehen werden, um Ihre klaren Zielvorstellungen zu verwirklichen.

Welche Unternehmensziele will ich erreichen?

| | Firmenziel | Aktionsschritte zur Realisierung |
|---|---|---|
| Kurzfristig | | |
| Mittelfristig | | |
| Langfristig | | |

Welche beruflichen Ziele will ich erreichen?

| | Karriereziel | Aktionsschritte zur Realisierung |
|---|---|---|
| Kurzfristig | | |
| Mittelfristig | | |
| Langfristig | | |

Welche privaten Ziele (Lebensziele) möchte ich erreichen?

| | Lebensziel | Aktionsschritte zur Realisierung |
|---|---|---|
| Kurzfristig | | |
| Mittelfristig | | |
| Langfristig | | |

# 4 Methoden der Zeitplanung

Wir unterscheiden drei Arten der Zeitplanung:

1. die Zeitaufwandplanung
2. die Terminplanung (Zeitpunktplanung) und
3. die gemischte Zeitplanung

Fragt ein Bauleiter: „Wie lange braucht ihr für Ausschachtungen unter diesen Geländebedingungen?“ möchte er im Planungsstadium eine Angabe über den voraussichtlichen Zeitaufwand erhalten. Ermittelt oder schätzt ein Bauleiter für durchzuführende Aufgaben zwar die voraussichtliche Durchführungsdauer, legt jedoch nicht fest, wann mit den dazu erforderlichen Arbeiten begonnen werden soll, betreibt er Zeitaufwandplanung.

Die Zeitaufwandplanung bietet dem Bauleiter Freiraum für situationsgerechtes Handeln. Fällt beispielsweise ein Bagger aus, kann er seine Mitarbeiter bis zur Reparatur der Baumaschine anderweitig beschäftigen. Sein Zeitplan stimmt, wenn er die Arbeit nach der ungewollten Unterbrechung wieder aufnimmt und er in der geplanten Zeitdauer fertig wird. Unser Bauleiter hat das Gefühl, die Dinge im Griff zu haben. Seine Freude währt jedoch nur so lange er noch über Pufferzeiten bis zum Endtermin verfügt.

Damit wären wir bei der Terminplanung. Hier wird der Bauleiter gefragt: „Wann sind Sie mit den Ausschachtungen fertig?“ oder aber – was wohl häufiger der Fall ist – er wird auf einen Fixtermin verpflichtet: „Bis Dienstag 10 Uhr müssen Sie fertig sein, dann kommen nämlich ...“. Bei seiner Terminplanung legt der Bauleiter genau fest, wann mit den Arbeiten begonnen werden soll, damit die Aufgabe termingerecht erledigt wird.

Diese Art zu planen ist wegen der starren Vorgaben wesentlich störanfälliger. Fällt jetzt der Bagger aus, wird der ganze Zeitplan über den Haufen geworfen. Ärger und Verdruss sind vorprogrammiert. Unser Bauleiter läuft Gefahr, die ganze Zeitplanung als lästig und störend zu empfinden. Resultat: Er führt sie nicht mehr konsequent durch.

Um eben dies zu vermeiden, empfiehlt sich die gemischte Zeitplanung. Im alltäglichen Baugeschäft sind feste Termine unvermeidlich. Die Wahrnehmung externer Termine, Mitarbeitergespräche, Baubesprechungen, Abstimmungen mit anderen Gewerken, Projektmanagement und, und, und ... bestimmte Aufgaben sind ohne feste Termine kaum denkbar.

Mit der gemischten Zeitplanung werden nur solche Aufgaben an feste Zeitpunkte gebunden, die einen Termin unbedingt erfordern. Für alle anderen Aufgaben sichert die Zeitaufwandplanung möglichst viele Freiheitsgrade für situationsgerechtes Handeln.

## 4.1 Zeitinventur

Ohne konkretes Wissen darüber, welche Tätigkeiten wann anfallen und wie lange sie dauern ist eine gemischte Zeitplanung jedoch wohl kaum möglich. Daher sollte jeder Planung eine Zeitinventur in Form einer Soll / Ist – Analyse der eigenen Tätigkeiten im Tagesverlauf vorausgehen.

Mit einer Zeitinventur ermitteln Sie, wie gut Sie Ihre Zeit im Griff haben, und Sie erfahren, ob bzw., wo es Schwachstellen in Ihrer Tagesplanung gibt.

Nutzen Sie die folgenden Arbeitsblätter, um Ihren Arbeitstag zu analysieren!

Um eine erfolgreiche Zeitinventur zu betreiben sind in Anlehnung an das Verfahren der gemischten Zeitplanung fünf Schritte erforderlich:

1. Erfassen der Einzeltätigkeiten
2. Ordnen der Einzeltätigkeiten zu Tätigkeitsblöcken
3. Schätzen der Arbeitszeit pro Tätigkeitsblock
4. Zeitanalyse eines typischen Tages
5. Erkenntnisse aus der Zeitanalyse

### 4.1.1. Erfassen der Einzeltätigkeiten

Um möglichst viele Ihrer Einzeltätigkeiten zu erfassen, sollten Sie mit sich selbst ein Brainstorming durchführen. Beim Brainstorming (frei übersetzt: Gedankensturm) handelt es sich um eine Methode der freien Ideensammlung.

Alle Tätigkeiten, die Ihnen im Zusammenhang mit Ihrem Arbeitsalltag einfallen, werden schriftlich ohne jegliche Wertung erfasst. Es empfiehlt sich, jede Einzeltätigkeit jeweils auf einer besonderen Karte (DIN A 6 = „Vokabelkärtchen") zu notieren (Zur Not tun es auch Zettel gleicher Größe). Die Karten lassen sich in Schritt 2 unserer Zeitinventur dann leichter Tätigkeitsblöcken zuordnen.

Um Ihnen eine Vorstellung davon zu geben, was mit „Einzeltätigkeiten" gemeint ist und um Ihren Gedankenstrom zu zünden – hier einige Beispiele für Einzeltätigkeiten, die mir spontan einfallen, wenn ich an unseren Bauleiter aus Kapitel 2 zurückdenke:

- *Aufnahme und Verarbeitung schriftlicher Informationen* aus Zeitungen, Zeitschriften, Büchern, Briefen, Anweisungen, Berichten, fremden Angeboten
- *Verfassen schriftlicher Informationen* wie Gesprächsnotizen, Aktenvermerke, Protokolle, Angebote, Berichte, Briefe, Anweisungen
- *Schriftliche Planung* von Vorgehensweisen zu Arbeitsablauf und Zeiteinteilung, Lösung von Problemen, Planung von Ausgaben
- *Führen von Einzelgesprächen* mit Mitarbeitern, Kollegen, Kunden, anderen
- *Besprechungen*, Leitung oder Teilnahme
- *Telefonate*, Auskunft und Beratung, Informationsbeschaffung
- *Prüfen / Kontrollieren / Überwachen* eigener und fremder Arbeit
- *Leer- und Nebenzeiten*, Kopieren, „Botengänge", Sortierarbeiten, Aufräumen, Plaudereien

Übernehmen Sie bitte für Sie zutreffendes auf Ihre Karten!

Welche weiteren Einzeltätigkeiten üben Sie im Rahmen Ihrer bauberuflichen Aufgabenstellung aus?

Beschränken Sie Ihr Brainstorming auf maximal 15 Minuten. Nehmen Sie bitte jeden neuen Gedanken auf eine andere Karte. Je mehr Karten, umso besser. So sichern Sie Vollständigkeit.

### 4.1.2. Ordnen der Einzeltätigkeiten zu Tätigkeitsblöcken

Ordnen Sie die Karten mit Einzeltätigkeiten zu Tätigkeitsblöcken. „Klassische“ Beispiele für Tätigkeitsblöcke sind:

- Administration / Verwaltung
- Mitarbeiterführung
- Durchführung von Fachaufgaben

Tragen Sie bitte die Bezeichnungen für Ihre Tätigkeitsblöcke und die diesen zugeordneten Einzeltätigkeiten in das Arbeitsblatt „Zeitschätzung pro Tätigkeitsblock“ unter 4.1.3. ein.

### 4.1.3. Schätzen der Arbeitszeit pro Tätigkeitsblock:

Schätzen Sie in der dritten Spalte, wie viel Prozent Ihrer Arbeitszeit die Tätigkeiten in Anspruch nehmen.

| **Arbeitsblatt: Zeitschätzung pro Tätigkeitsblock** | | |
|---|---|---|
| Tätigkeitsblock | Einzeltätigkeiten | Arbeitszeit in % |
| | | |
| | | |
| | | |
| | | |
| | | |
| | | |

### 4.1.4. Zeitanalyse eines typischen Tages

Greifen Sie sich für Ihre Zeitanalyse einen Tag heraus, an dessen Verlauf Sie sich noch besonders gut erinnern können und dessen Tätigkeiten etwa Ihrem normalen Arbeitstag entsprechen. Verwenden Sie das Arbeitsblatt auf der nächsten Seite, um Ihre Zeit zu analysieren.

Beachten Sie bitte die Erläuterungen zu den Spalten des Arbeitsblattes „Zeitanalyse“ – Anmerkung zu Spalte:

„Einzeltätigkeit“:

Verwenden Sie hier bitte die gleichen Bezeichnungen wie in der „Tabelle zur Zeitschätzung der Einzeltätigkeiten“ unter Schritt 3. Sie können auch gerne Ihre Karten entsprechend dem zeitlichen Verlauf ordnen und dann in die Tabelle zur Zeitanalyse übertragen, z.B.: „Durchsicht des Posteingangs“.

„von – bis“:

Notieren Sie bitte nur Tätigkeiten, die mindestens 15 Minuten beansprucht habe, z.B.: 08.30 – 08.45.

„Zeitdauer“:

unter „IST“ notieren Sie die tatsächlich benötigte Zeit in Minuten, z.B.: 15,
unter „SOLL“ Ihre ursprünglich eingeplante Zeit in Minuten
unter „% IST“ den prozentualen Anteil der Einzeltätigkeit am Tagesgeschäft
unter „% geschätzt“ den geschätzten Zeitbedarf gemäß der „Tabelle zur Zeitschätzung der Einzeltätigkeiten“ unter 4.1.3.

„Abweichung“:

Errechnen Sie die Differenzen zwischen „IST / SOLL“ und zwischen „% IST / % geschätzt“. Bei Überschreitungen verwenden Sie zur Kennzeichnung der Differenz ein „+“, für Unterschreitungen ein „–“.

„Warum“:

Begründen Sie bitte stichwortartig, wie sich die Differenzen erklären.

**Arbeitsblatt: Zeitanalyse**

| Einzeltätigkeit | Von – bis | Zeitdauer | | | | Abweichung | Warum? |
|---|---|---|---|---|---|---|---|
| | | IST | SOLL | % IST | % gesch. | | |
| | | | | | | | |

### 4.1.5. Erkenntnisse aus der Zeitanalyse

In meinen Zeitmanagementseminaren geben viele Bauleiter an dieser Stelle der Zeitinventur an, dass

- ihnen schwer gefallen ist, sich daran zu erinnern, was sie an Ihrem typischen Arbeitstag alles getan haben. Manche hatten sogar Schwierigkeiten einen „typischen Tag" zu finden.
- sie zu viel Zeit für Unwesentliches gebraucht haben, keine Prioritäten gesetzt haben
- ihnen deutlich geworden ist, wie oft sie unterbrochen werden
- sie ihre Zeit viel genauer vorplanen müssen, wenn sie sie effektiv nutzen wollen

Wenn Sie nun Ihre Erkenntnisse aus der Analyse Ihres Arbeitstages reflektieren, sollten Sie stets Ihren persönlichen Anteil an Unzufriedenheiten mit Ihrem Zeitmanagement hinterfragen. Möglicherweise rührt die eine oder andere Zeitüberschreitung daher, dass Sie dazu neigen

- überall unbedingt dabei sein zu wollen
- anderen alles recht machen zu wollen
- jederzeit für alle ansprechbar sein zu wollen
- alle Probleme sofort aufzugreifen
- Ablenkungen dankbar anzunehmen
- alle Fakten umfassend wissen zu wollen
- Unwichtiges selbst zu bearbeiten
- alles spontan und sofort tun wollen
- alles schnell noch nebenbei zu erledigen
- alle Unterlagen gleichzeitig haben wollen

Wie dem auch sei – auf keinen Fall sollten Sie sich mit der Zeitinventur allein begnügen. Als Momentaufnahme ist sie jedoch sehr geeignet, Ihnen Hinweise auf Schwachstellen Ihrer Zeitplanung zu liefern.

Überlegen Sie, was sie tun und wie sie vorgehen wollen, um ihr Zeitmanagement zu optimieren. Greifen Sie dazu auf die Zielsetzungstechniken aus Kapitel 3 zurück. Ob, bzw. wie erfolgreich Sie Ihre Zeit in den Griff bekommen, kontrollieren Sie kontinuierlich mit Tagesplänen.

## 4.2 Tagesplanung

Tagespläne versetzen sie in die Lage, Ihren Tagesablauf sowohl für geschäftliche als auch für private und sonstige Tätigkeiten optimal zu gestalten. Indem Sie Arbeitsaufwandskontrollen kontinuierlich durch Vergleiche der IST – Aufwände mit den geplanten Aufwände durchführen, gehen Sie bewusster mit Ihrer Zeit um. Sie erkennen Ihre Zeitfallen und können gezielt gegensteuern.

Sieben Regeln helfen Ihnen, Ihren Tagesplan optimal zu erstellen:

1. Planen Sie am Vorabend den neuen Arbeitstag.
2. Fixieren Sie Ihre Planung schriftlich.
3. Schätzen Sie den Zeitbedarf, setzen Sie Limits.
4. Verplanen Sie 60 % Ihrer Arbeitszeit für eigene Aktivitäten, reservieren Sie 40 % Pufferzeit für Diverses.
5. Notieren Sie Fixtermine für Besprechungen welcher Art auch immer laufend und im Voraus.
6. Halten Sie diejenigen Aktivitäten fest, welche unbedingt erledigt werden müssen, welche zusätzlich erledigt werden sollten und welche erledigt werden könnten, wenn noch Zeit bleibt – kurz: setzen Sie Prioritäten.
7. Kontrollieren Sie ihre Vortagesplanung.

Für die Tagesplanung empfiehlt sich die Benutzung eines Zeitplanbuches. Hierüber an späterer Stelle mehr.

## 4.3 Tagesstörblätter

Während Zeitinventuren und Tagespläne Störungen und Unterbrechungen im Tagesverlauf aufdecken, erfassen Tagesstörblätter neben der Art, wie häufig und regelmäßig sie vorkommen, ihre Ursachen und Auswirkungen. Zeitdiebe werden sichtbar und können gezielt angegangen werden.

Zur Bearbeitung des Arbeitblattes „Störungen im Tagesverlauf" wählen Sie bitte drei möglichst repräsentative Arbeitstage, an die Sie sich gut erinnern können. Tragen Sie bitten alle Störungen und Unterbrechungen in Ihr Tagesstörblatt ein.

Beachten Sie, dass Störungen zum einen von außen in Form von Telefonaten, Wartezeiten u.ä. auftreten können. Zum anderen sind jedoch auch Störungen von innen möglich, z.B. spontane Aktivitäten, Konzentrationsschwäche, ungeplante gedankliche Beschäftigung mit einer anderen Tätigkeit oder einem anderen Thema usw.

| **Arbeitsblatt: Störungen im Tagesverlauf** | | | | | |
|---|---|---|---|---|---|
| Nr. | Von – bis | Dauer (min) | Art der Störung | Grund | Auswirkung |
| | | | | | |

# 5 Zeitfallen und Zeitdiebe

Mit den drei Methoden der Zeitplanung ist es Ihnen sicher gelungen zu erkennen, wo Sie ansetzen sollten, um Ihr Zeitmanagement zu optimieren. Und möglicherweise werden Sie ähnlich wie Ihre Kollegen in meinen Seminarveranstaltungen sagen: „Das Ganze ist ja schön und gut – nur was hilft mir die Erkenntnis, dass ich immer wieder in die eine oder andere Zeitfalle hineinfalle, wenn ich nicht weiß, wie ich da herauskomme?" Oder: „Ich habe jetzt meine Zeitdiebe eindeutig identifiziert – und wie soll ich jetzt bitte gegensteuern?"

Aus langjähriger Beratungspraxis in der Bauwirtschaft weiß ich, dass in der Hektik des Baualltags vielerorts gleiche Zeitfallen auftauchen und ähnliche Zeitdiebe lauern. Ich vertraue darauf, dass auch Ihre Fragen bearbeitet werden, wenn ich die meistgenannten Zeitfallen und Zeitdiebe thematisiere, mögliche Ursachen herausarbeite und Gegenmaßnahmen vorschlage.

Hier die fünfzehn häufigsten Zeitfallen und Zeitdiebe im Überblick:

1. Unklare Ziele
2. Ungeplante externe Störungen (Telefonate, unangemeldete Besucher)
3. Zu wenig effektive, zu lange Besprechungen
4. Zu viele, zu lange Telefonate, belanglose Inhalte
5. Zu viel Plauderei
6. Untergehen in der Informationsflut
7. Arbeit anderer tun
8. Routinearbeiten, persönliche Gewohnheiten
9. Schwächen der Mitarbeiter
10. Perfektionismus, Pedanterie
11. Schlechte Arbeitsplatzorganisation, Durcheinander
12. Unentschlossenheit
13. Wartezeiten, z.B. am Kopierer
14. Unrealistische Zeitplanung: zu viel soll in zu kurzer Zeit erledigt werden
15. Spontanes Handeln, Ungeduld

## 5.1 Unklare Ziele

Eigentlich dürften Sie in diese Zeitfalle nicht mehr hineintappen, wenn Sie sich bei Ihrer Zielsetzung an die in Kapitel 2 vorgeschlagene systematische Vorgehensweise orientieren. Ziele bleiben nämlich genau dann unklar, wenn die Kriterien für wohlgeformte Ziele nicht erfüllt und kein präziser Aktionsplan formuliert wird.

In einem Personalauswahlgespräch schilderte mir ein frischgebackener 24-jähriger Bauingenieur sein Leitbild:

„Ich stelle mir vor, mit meiner jetzigen Freundin und mindestens drei Kindern in einem alleinstehenden Bruchsteinhaus irgendwo in der Voreifel zu leben. Ich werde nach wie vor viel unterwegs sein, kann aber auch so manches von zu Hause aus erledigen."

Seinem Leitbild angepasst hatte er sich sowohl kurz-, mittel- und langfristige Ziele überlegt und genau darüber nachgedacht, wie er sie erreichen wollte. Ich stellte nur eine Frage: „Und das schaffen Sie alles aus eigener Kraft?" Als er leicht verunsichert bejahte, hinterfragte ich: „Absolut sicher?" Nun ja, seine Freundin müsse natürlich mitziehen ... Er musste erkennen, dass er die Rechnung ohne die Wirtin gemacht hatte.

Ich machte ihn mit den Kriterien für wohlgeformte Ziele vertraut. Er korrigierte daraufhin seine Ziele, wobei er besonders darauf achtete, dass er sie auch „eigenhändig" erreichen konnte. Ich wies noch darauf hin, dass er Prioritäten setzen und seine Tagesplanung daraufhin ausrichten solle.

Als wir uns später bei einem Führungsnachwuchstraining wiedertrafen, sprachen wir auch über seine zwischenzeitlichen Erfahrungen. Er beklagte, dass er nun zwar wohlgeformte Ziele mit genau beschriebenen Aktivitäten zur Zielerreichung habe, es seitdem aber vermehrt zu Berufs-Freizeit-Konflikten komme.

Sein Fehler lag darin, dass er seine privaten und beruflichen Ziele nicht harmonisch abgestimmt hatte. Um seine Vision möglichst schnell zu erreichen, hatte er verstärkt auf berufliche Aktivitäten gesetzt und damit sein Privatleben arg vernachlässigt. Indem er seine Prioritäten neu überdachte und seine Zeitplanung entsprechend anpasste, konnte er zufriedener mit sich und konfliktfreier sowohl im beruflichen als auch im privaten Kontext agieren.

Anders als Ihr junger Kollege brauchen Sie nicht erst aus Fehlern lernen. Halten Sie sich an die in Kapitel 2 beschriebene systematische Vorgehensweise. Legen sie Ihr Ziel genau fest, setzten Sie darauf ausgerichtet Prioritäten für berufliche *und* private Ziele. Übernehmen Sie Ihre Maßnahmen zur Zielerreichung in Ihren Tagesplan. Die Zeitfalle „Unklare Ziele" wird für Sie keine Rolle mehr spielen, Berufs-Freizeit-Konflikte an Gewicht verlieren. Sie müssen nicht aus Erfahrung klug werden, im Gegenteil – durch Ihre positiven Erfahrungen bei erfolgreicher Zielsetzung werden Sie selbst nicht nur zufriedener, sondern auch motivierter zu Werke gehen.

## 5.2 Ungeplante externe Störungen (Telefonate, unangemeldete Besucher)

Kürzlich rief ich in einem mittelständigen Bauunternehmen wegen eines Individualtrainings für einen der dortigen Bauleiter an. Ich wollte mit der Chefsekretärin einen Gesprächstermin mit meinem Auftraggeber vereinbaren, um das eine oder andere noch abzustimmen. Zu meiner Überraschung war mein Auftraggeber gleich selbst am Apparat, obwohl ich seine Durchwahlnummer nicht gewählt hatte.

Als ich mich wegen meines unangemeldeten Anrufes entschuldigte, meinte mein Gesprächspartner: „Das ist keine Störung für mich. Sehen Sie, meine Sekretärin ist im Augenblick nicht am Platz. Natürlich nehme ich da die Anrufe entgegen – Sie hätten ja auch ein Kunde sein können. Und da will ich nicht versäumen, präsent zu sein. – Sie wissen ja selbst, wie heiß umkämpft der Baumarkt zurzeit ist. Legt ein Kunde auf, könnte er für uns verloren sein – und das will ich auf jeden Fall vermeiden."

Wenn wie im Beispiel der Kunde höchste Priorität erhält, sollte er folgerichtig auch nicht als Störung wahrgenommen werden. Möglicherweise wäre das Leben zwar ohne ihn erträglicher, aber wohl kaum einträglicher. In unserer stark kundenorientierten Bauwirtschaft ist es eine Frage des Überlebens, Zeit für den Kunden zu haben.

Eine Faustregel lautet: Jeder unzufriedene Kunde spricht mit zehn anderen darüber, wenn er beispielsweise schlecht beraten wurde. Zufriedene Kunden unterhalten sich demgegenüber nur mit drei anderen über positive Erfahrungen. Insofern tut ein jeder gut daran, seine Kunden nicht als Zeitdiebe aufzufassen. Da sind „Geduld und Spucke“ gefordert.

Schließen wir also den Kunden als „ungeplante, externe Störung“ aus und wenden uns lieber allen anderen Zeitdieben zu, die uns mit Telefonaten und ungeplanten Störungen die Zeit stehlen. Gemeint sind zum einen all die, oft genug gut geschulten Berater und Verkäufer, die uns dies und das anbieten oder verkaufen möchten. In Frage kommen aber auch all die netten Mitarbeiter, Kollegen und Vorgesetzten, die nur ganz kurz mal eben reinschauen oder anrufen, um über dies oder jenes mit Ihnen zu sprechen.

Solche Zeitdiebe sind besonders dort erfolgreich, wo ein „Haus der offenen Tür“ betrieben wird, indem jedes Telefonat entgegengenommen wird. Zwei Gegenmaßnahmen liegen auf der Hand:

1. Verkaufs- und Beratungsgespräche nur nach Vorabstimmung
2. „Stille Zeiten“ schaffen

Wie sieht es bei ihnen aus?

1. Werden Sie vor ungeplanten externen Besuchen oder Telefonaten gut abgeschirmt?
2. Sprechen Sie mit externen Beratern und Verkäufern nur nach Vorabstimmung?
3. Haben Sie „stille Zeiten“?
4. Ist für Ihre Mitarbeiter, Kollegen und Vorgesetzten klar erkennbar, wann Sie ungestört arbeiten möchten?
5. Werden Ihre „stille Zeiten“ von allen respektiert?

Wenn Sie eine der fünf Fragen verneinen – fragen Sie sich bitte selbstkritisch, woran es liegen kann, dass in diesem Punkt (noch) Handlungsbedarf besteht.

Kann es vielleicht sein, dass Sie sich gerne stören lassen? Betrachten wir das Ganze doch einmal anders herum! Störungen haben nämlich auch Vorteile:

Sie sind immer mitten im Geschehen, wenn Sie durch Ihre offene Tür verfolgen können, was sich alles im Haus abspielt. Interne Zeitdiebe halten Sie über firmenspezifisches, externe über den Stand der Technik, die Wettbewerber etc., etc. ständig auf dem Laufenden, sie sind immer auf Ballhöhe.

Außerdem – Mitarbeiter, Kollegen und nicht zuletzt Ihr Chef schätzen es, wenn Sie jederzeit ansprechbar sind. Sie erhalten nicht nur positives Feedback, Ihnen wird auch das Gefühl vermittelt, gebraucht zu werden – ein hoher sekundärer psychologischer Nutzen. Man stelle sich nur einmal vor, niemand würde Sie stören – nicht auszudenken! Oder?

Vielleicht gehen Sie den Zeitdieben aber auch deswegen auf den Leim, weil Sie zu denen gehören, die es jedem und allen recht machen wollen. Prüfen Sie diese Möglichkeit mit dem Fragebogen.

Bewerten Sie die Aussagen so, wie Sie sich gegenwärtig in Ihrem Bauunternehmen erleben!

| **Fragebogen: Will ich es anderen in unserer Firma (immer) recht machen?** | | | | | |
|---|---|---|---|---|---|
| Aussage | trifft ... zu | | | | |
| | voll | meist | teils | selten | nicht |
| Konfrontationen gehe ich aus dem Weg. | 5 | 4 | 3 | 2 | 1 |
| Meine Interessen und Wünsche behalte ich für mich. | 5 | 4 | 3 | 2 | 1 |
| Von anderen akzeptiert zu werden, ist für mich wichtig. | 5 | 4 | 3 | 2 | 1 |
| Ich versuche möglichst rasch herauszufinden, was andere von mir erwarten. | 5 | 4 | 3 | 2 | 1 |
| Ich möchte gerne wissen, ob ich meine Arbeit auch gut gemacht habe. | 5 | 4 | 3 | 2 | 1 |
| Meine Interessen stelle ich öfter zugunsten anderer zurück. | 5 | 4 | 3 | 2 | 1 |
| Auf die Zustimmung der anderen lege ich Wert. | 5 | 4 | 3 | 2 | 1 |
| Ich kritisiere ungern. | 5 | 4 | 3 | 2 | 1 |
| Ich versuche, niemanden zu verletzen. | 5 | 4 | 3 | 2 | 1 |
| „Nein sagen“ fällt mir schwer | 5 | 4 | 3 | 2 | 1 |

Jeder Einschätzung ist eine Punktzahl zugeordnet. Addieren Sie die Werte zu Ihrer

Gesamtpunktzahl ☐

Die Auswertung zu Ihrem Ergebnis finden Sie auf der Folgeseite.

**Auflösung**

Weniger als 17 Punkte:

Sie laufen keine Gefahr, es anderen übermäßig recht machen zu wollen. Gegenmaßnahmen vor ungeplanten Störungen sollten Ihnen nicht allzu schwer fallen.

18 – 27 Punkte:

Sie sind hin und wieder versucht, es anderen recht machen zu wollen. Optimierungen dürften Ihnen zwar nicht schwer fallen, sie sollten jedoch bei der Verwirklichung Ihrer Gegenmaßnahmen konsequenter vorgehen.

Über 28 Punkte:

Sie sollten dringend an sich arbeiten. Ihre Neigung sich für andere zu opfern, ist sehr stark ausgeprägt. Beginnen Sie mit „kleinen" Schritten. Überlegen Sie, was Sie am ehestens umsetzen können. Damit sollten Sie beginnen. So schaffen Sie sich Erfolgserlebnisse. Sie erfahren nicht nur, dass es auch anders gehen kann, sie werden nach und nach Ihren Zeitdieb los.

## 5.3 Zu wenig effektive, zu lange Besprechungen

Ich habe bislang noch keinen Bauleiter kennen gelernt, der nicht über wenig effektive Baubesprechungen stöhnte. Viele klagen auch über zu lange Besprechungszeiten in der eigenen Firma. Manager in gehobenen Positionen der Bauindustrie geben an, dass sie 50 % und mehr ihrer Arbeitszeit in zu vielen, zu langatmigen, teils überflüssigen, oft wenig ergiebigen Besprechungen verbringen. Selbstironisch sprechen Sie davon, dass sie „Management by IBM" praktizieren = **I**mmer **B**ei **M**eetings. Meetings selbst werden als Sitzungen definiert, in die viele hineingehen und bei denen wenig herauskommt.

Möglicherweise schmunzeln auch Sie wie viele Ihrer Kollegen in meinen Veranstaltungen zustimmend zu solchen Äußerungen. Lange, ineffektive Besprechungen sind weit verbreitet, ein hinreichend bekanntes grundlegendes Problem in Baugewerbe und Bauindustrie. Und das obwohl jedem im Grunde klar ist, was diesen Zeitdieb so stark macht. Im Einzelnen stören sich viele Bauleiter vor allem an folgenden Punkten:

- mangelnde Vorbereitung
- unklare Zielsetzung
- ungleicher Informationsstand
- zu lange Anlaufzeit
- zu lange Monologe, Weitschweifigkeit
- Abweichungen vom Thema
- Diskussion von Nebensächlichkeiten
- Festhalten an Details
- Versteckte Machtkämpfe
- Mangelnde Ergebnissicherung

Kurzum – wenn Besprechungen zum Zeitdieb werden, liegt dies neben unklaren Zielen und mangelnder Vorbereitung aller Beteiligten nicht zuletzt an unzureichender Leitung der Besprechung.

Gleich, ob Sie nur an einer Besprechung teilnehmen oder aber Sie selbst sie leiten – wollen Sie dem Zeitdieb „Zu wenig effektive, zu lange Besprechungen" zu Leibe rücken, sollten Sie zunächst bei sich selbst anfangen, indem Sie für Besprechungen Ihre Ziele festlegen und beachten. Bereiten Sie sich selbst genau vor und drängen Sie bei anderen darauf, dies auch zu tun. Nehmen Sie sich in Pflicht, die Leitung von Besprechungen kontinuierlich zu optimieren. Geben Sie selbst ein gutes Beispiel – optimieren Sie das Management Ihrer Baubesprechungen.

Durch konsequente Zielsetzung, Planung, Führung und Kontrolle der gemeinsamen Besprechungszeit werden Ihre Besprechungen effektiv. Beachten Sie beim Management Ihrer Besprechungen sechs Punkte, die sich in der baubetrieblichen Praxis besonders gut bewährt haben:

1. Zielsetzung:

Legen Sie fest, was genau Sie erreichen wollen. Definieren Sie, ob es sich um eine Besprechung zur Informationsvermittlung, zur Problemlösung oder zur

Entscheidungsfindung handelt. Bestimmen Sie für jeden Besprechungstyp ein eindeutiges, messbares Erfolgskriterium.

2. Vorbereitung:

Stellen Sie eine gute Organisation (Technik, Raum) und inhaltliche Vorbereitung (Tagesordnung, Informationen) sicher.

3. Zeitrahmen:

Bestimmen Sie einen genauen Zeitrahmen und halten Sie ihn auch konsequent ein. Die optimale Dauer liegt bei 60 Minuten, maximal 90 Minuten. Bei längeren Besprechungen sollte spätestens nach 90 Minuten eine Pause eingelegt werden.

4. Selbstdisziplin:

Achten Sie während der gesamten Sitzung darauf, dass Sie als Besprechungsleiter und alle anderen Teilnehmer Selbstdisziplin wahren. Hilfreich sind Besprechungsregeln, die allseitig akzeptiert und beachtet werden.

5. Visualisierungshilfen:

Wer im Bauwesen tätig ist, denkt in Bildern. Seine Sprache ist die Zeichnung. Er muss sehen, was zu tun ist. Benutzen Sie deshalb Visualisierungshilfen. Notieren Sie stichwortartig Diskussionsbeiträge für alle sichtbar.

6. Ergebnissicherung:

Erstellen Sie einen handschriftlichen Aktionsplan (Wer macht was bis wann ...?), um Ihre Ergebnisse zu sichern. Fotokopieren Sie den Plan und geben Sie ihn am Ende allen Besprechungsteilnehmern mit.

In einer Reihe von Bauunternehmen haben wir sehr gute Erfahrungen mit Workshops gemacht, in denen sich die Teilnehmer auf verbindliche Spielregeln für die Verbesserung Ihrer Kommunikation einigten. Solche Workshops legen bei konsequenter Beachtung im baubetrieblichen Alltag den Grundstein für eine produktive, alle Beteiligten zufriedenstellende Besprechungskultur.

Die Spielregeln auf den Folgeseiten hängen in jedem Besprechungsraum eines mittleren Unternehmens – für alle verbindlich und von allen mitgetragen und gelebt!

**Spielregeln für die Verbesserung unserer Kommunikation in Gesprächen und Besprechungen**

1.
Unsere Aussagen sind offen und ehrlich

2.
Wir hören dem Anderen zu und unterbrechen ihn nicht!

3.
Unsere Aussagen sind kurz und prägnant!
Vielreden ist kein persönliches Qualitätsmerkmal

4.
Wir vermeiden „Nebengespräche"!

5.
Der „Chef" spricht weniger, bzw. stellt Fragen
und gibt so den Anderen die Möglichkeit zum Sprechen!

6.
Wir bemühen uns, nicht vom Thema abzuschweifen!

7.
Jeder Beitrag wird ernst genommen!

8.
Wir wollen versuchen, unsere vorgefasste Meinung loszulassen
und uns auf andere Gedanken einzustellen!

9
Gegenargumente werden ernsthaft und fair abgewogen!

10.
Wir vermeiden persönliche „Angriffe", denn wir wollen Lösungen finden
und nicht den Schuldigen

11.
Jeder hat die Verantwortung
für die Einhaltung der Spielregeln und Verhaltens-
weisen!

**Spielregeln zum besseren Umgang mit Kritik**

1.
Wir wollen mehr Selbstkritik üben
und so durch Verbesserung der eigenen Arbeitsqualität
der Kritik von außen vorbeugen.

2.
Wir wollen andere nicht Kritik verletzen, sondern ein Problem lösen.

3.
Wir wollen nicht kleinlich kritisieren.

4.
Wir wollen durch Offenlegen von Zusammenhängen
und Weitergeben von Information Kritik entgegenwirken.

5.
Wir wollen Fehler eingestehen
und gemeinsam nach Lösungsmöglichkeiten suchen.

6.
Wir wollen nicht nur kritisieren,
sondern auch Leistungen anerkennen und dadurch Vertrauen aufbauen.

7.
Wir wollen nicht spontan kritisieren,
sondern nehmen uns Zeit, durch Informieren und Analysieren die Zusammenhänge vorher zu verstehen.

8.
Wir wollen nicht nur kritisieren,
sondern bringen auch Lösungsvorschläge ein.

9.
Wir wollen uns gegenseitig ansprechen,
wenn wir wieder in alte Verhaltensweisen zurückfallen

10.
Jeder ist für die Umsetzung dieser Spielregeln verantwortlich

Die konsequente Beachtung der sechs Punkte zum Besprechungsmanagement und die Einhaltung der Spielregeln senkten die Besprechungszeiten in dem Unternehmen bei verbesserter Effektivität um 18 %.

## 5.4 Zu viele, zu lange Telefonate, belanglose Inhalte

Wer in die Zeitfalle „Zu viele, zu lange Telefonate, belanglose Inhalte" hineintappt, sollte – bevor er die Schuld bei anderen sucht – in erster Linie selbstkritisch fragen, inwieweit er seine eigenen Telefonate plant, wie gut es ihm dabei gelingt, sich auf das Wesentliche zu konzentrieren und wie straff seine Gesprächsführung ist.

Wollen Sie dieser Zeitfalle ausweichen, benötigen Sie vor allem Selbstdisziplin. Indem Sie nachdenken, bevor Sie zum Hörer greifen, eigene Telefonate sorgfältig vorbereiten und eine klare Linie verfolgen optimieren Sie Ihre Gesprächsverhalten. Je besser Sie in der Lage sind, eigene Telefongespräche bewusst zu steuern, umso mehr wird es Ihnen auch gelingen, entgegenkommende Anrufe ökonomisch und verbindlich abzuwickeln.

Gut vorbereitet reduzieren Sie die Anzahl eigener Telefonate und erzielen bessere Gesprächsergebnisse. Bei sorgfältiger Gesprächsvorbereitung

- Legen Sie Ihr Schreibzeug zurecht.
- Sorgen Sie für eine störungsfreie Umgebung.
- Konzentrieren Sie sich auf Ihr Telefonat, indem Sie sich fragen:
  - Worum geht es (Sache)?
  - Was soll erreicht werden (Ziel)?
  - Wie soll das Ziel erreicht werden (Vorgehen)?
  - Wer ist der richtige Gesprächspartner (Person)?
- Stellen Sie sicher, über alle notwendigen Informationen zu verfügen.
- Klären Sie ggf. Ihre Entscheidungsbefugnisse.
- Benutzen Sie nach Möglichkeit die Durchwahlnummer (bzw. erfragen Sie diese, sollte ein weiteres Gespräch erforderlich sein).

- Überlegen Sie auch
  - wen Sie bei Abwesenheit Ihres Gesprächspartners sprechen möchten
  - eine Nachricht (auf Anrufbeantworter) für den abwesenden Wunschpartner
  - günstige Zeitpunkte zum Rückruf.

Übrigens – so wie es günstige Zeitpunkte gibt, an denen Sie gut erreichbar sind, finden sich auch für andere passende Telefonzeiten. Viele vergebliche Versuche lassen sich vermeiden, wenn das Gespräch richtig terminiert wird. Notieren Sie deshalb die Zeiten, zu denen Ihre wichtigsten und häufigsten Gesprächspartner gut telefonisch erreichbar sind.

Wer in der Regel wann am besten telefonisch erreichbar ist, entnehmen Sie bitte der Infoliste „Telefonzeiten“

| **Infoliste „Telefonzeiten“** | |
|---|---|
| Privat (Bauherren) | Nur in äußerst dringenden Fällen zwischen 13.00 und 15.00 Uhr oder nach 20.00, nicht vor 8.00 Uhr |
| Einzelhandel | 8.30 –10.00, 14.30 – 15.30, 19.00 – 20.00 |
| Großhandel | 8.00 – 11.00, 14.00 – 15.30 |
| Handelsvertretungen | 8.00 – 9.30, 17.30 – 20.00 |
| Industrie | 8.30 – 11.00, 14.30 – 16.00 |
| Handwerker | 7.00 – 9.00, 16.00 – 18.00 |
| Ärzte | 8.30 – 9.30, 13.00 – 15.00, 19.00 – 20.00 |
| Rechtsanwälte | 8.00 – 9.00, 14.00 – 16.30 |
| Öffentlicher Dienst | Ungünstig nach 15.45 Uhr |
| Selbstständige | Günstig bis 19.00 |
| Ungünstige Wochentage | Montag mit 60 % und<br>Freitag mit nur 52 % Erreichbarkeit |

Bei besonders wichtigen Telefonaten empfehle ich Ihnen, Ihre Gespräche schriftlich vorzubereiten. Verwenden Sie dazu das Arbeitsblatt „Gesprächsvorbereitung“ auf der Folgeseite!

„TP“ steht dort für Telefonpartner. Tragen Sie bitte Name, Funktion und Titel ein. Bei „Termin“ wählen Sie den bestmöglichen Zeitpunkt und notieren Beginn und Dauer des Gespräches. Unter „Thema“ benennen Sie den Anlass.

Da schon die ersten Sekunden über den weiteren Gesprächsverlauf entscheiden, sollten Sie bei „Einstieg“ wohl überlegt notieren, wie Sie das Gespräch eröffnen möchten.

Bei „Ziel“ legen Sie klar, präzise und messbar Minimal- und Maximalziele fest. Ihre Argumentation (vor allem bei möglichen Einwänden) halten Sie unter „Vorgehen“ fest.

Für zukünftige Gespräche ist ein „Positiver Ausklang“ bedeutungsvoll – er bleibt gut im Gedächtnis und bildet den Grundstein einer verbindlichen Beziehung. Notieren Sie eine durchdachte Formulierung unter „Ausstieg“

| **Arbeitsblatt „Vorbereitung wichtiger Telefongespräche“** |
|---|
| TP |
| Termin |
| Thema |
| Einstieg |
| Ziel |
| Argumentation |
| Ausstieg |

Unabhängig davon, wie wichtig das Gespräch für Sie ist – die skizzierte Vorgehensweise sollten Sie stets im Auge behalten – auch wenn sie Ihre Gesprächsvorbereitung nicht so ausführlich gedanklich strukturieren und schriftlich fixieren.

So wie Arbeitsblätter bei der Gesprächsvorbereitung eigener Telefonate helfen, sind gut strukturierte Telefonnotizblätter für die Entgegennahme von Telefongesprächen nicht nur sinnvoll, sie vermindern unnötiges Nachfragen und helfen so Zeit sparen.

Hier gibt es inzwischen unzählige gut geeignete fertige Vordrucke. Ein besonders gut gelungenes Exemplar habe ich in einer mittelständischen Firma des hessischen Baugewerbes entdeckt:

| **Dellefun-Zerrel** (Original-Ton: *Name des Firmeninhabers*) | | |
|---|---|---|
| Doog:<br>Tag | wichdich<br>wichtig | |
| Zeit:<br>Zeit | net so wichdich<br>nicht so wichtig | |
| Geschwatzt met:<br>gesprochen mit | dummes Zeich<br>überhaupt nicht wichtig | |
| | reift werre u<br>ruft wieder an | |
| | müsse mer werre uräufe<br>wir rufen wieder an | |
| Dellefun-Numma:<br>Telefon-Nummer | hun mer gemoochd<br>erledigt | |
| Dos wulle se hun:<br>Bedürfnisse | | |

Vielleicht wäre so etwas auch in Ihrer Mundart denkbar?

## 5.5 Zu viel Plauderei

Ein Jungunternehmer erzählte mir, dass er nach Studium und Erfahrungen als Bauleiter in einem größeren Bauunternehmen nun in die Fußstapfen seines Vaters getreten sei und die Leitung des elterlichen Betriebes übernommen habe. Von seinem Vater habe er sich ein allmorgendliches Begrüßungsritual abgeschaut. Auf seinem Weg über den Bauhof ins Büro gehe er bei den Mitarbeitern kurz vorbei, um sie zu begrüßen und sich zu erkundigen, wie es denn so läuft.

In seiner Firma könne man stolz auf lange Traditionen zurückblicken, ganze Familien seien über Generationen bei ihnen beschäftigt. Da gehöre es einfach zum Stil des Hauses solche Rituale zu pflegen. Die Mitarbeiter würden sich ansonsten doch stark vor den Kopf gestoßen fühlen – nur: Der Senior sei morgens dreimal so schnell mit seiner Runde fertig – wenn er nur wüsste, wie sein Vater das immer nur wieder geschafft hatte?

Natürlich sind solche „Management-by-walking-around“ – Techniken nicht nur wichtig für die Stimmung im Betrieb, sie verbessern auch Mitarbeiterzufriedenheit und Leistungsbereitschaft. Das war auch dem Senior klar – sonst hätte er wohl kaum über die Jahre seine morgendliche Runde gepflegt. Nur – er kennt seine Mitarbeiter lange genug, um zu wissen, wie er sie zu nehmen hat. Er weiß, wann Gefahr besteht, dass der freundliche Small talk zur ausufernden Plauderei wird. Und er versteht es auch, rechtzeitig gegenzusteuern oder weiterzugehen, ohne dass sein Gegenüber sich verletzt fühlt.

Das Verhalten des Seniors liefert ein Lernmodell für den Junior. Da kein Apfel weit vom Stamm fällt, sollte auch der Junior können, was dem Senior gelungen ist. Diesem Gedankengang folgend führte sich unser Jungunternehmer noch einmal rückschauend das Verhalten seines Vaters bei den morgendlichen Rundgängen vor Augen. Dabei erinnerte er sich an eine Äußerung seines Vaters:

„Dieser Rundgang über den Hof ist gut für die Seele. Für meine und für die meiner Männer. Wenn du mal die Firma übernimmst, solltest du das weitermachen. Nur – lass dich nicht zum Schwätzen verführen. Von Anfang an habe ich darauf geachtet, dass mein Rundgang nie länger als eine Viertelstunde dauert. Irgendwie hat sich das denn von allein eingespielt. Die würden ganz schön blöd gucken, wenn ich mich länger bei ihnen aufhielte.“

Besser kann man es wohl kaum auf den Punkt bringen, wenn man dem Zeitdieb „Zu viel Plauderei“ Einhalt gebieten möchte.

Plaudereien können gemütlicher sein als arbeiten. Oft genug versuchen andere, uns zu verführen, in dem sie genau die Themen ansprechen, die uns zurzeit auf den Nägeln brennen. Hier ist dann Selbstdisziplin gefordert.

In Anlehnung an den Volksmund – merke:

Ein kurzes Schwätzchen in Ehren will niemand verwehren, doch
Kein Schwatz in der Hand, ist besser als ein Angebot für einen Dachstuhl

Genug der Plauderei – kurzum: gönnen Sie sich hier und da einen Small talk zur Entspannung, doch achten Sie darauf, ihre Plaudereien zeitlich klar zu beschränken.

## 5.6 Untergehen in der Informationsflut

Die moderne Informationsgesellschaft macht natürlich auch vor den Toren der Bauwirtschaft nicht halt. Informationen werden werbewirksam angeboten, sind über elektronische Medien ständig verfügbar und abrufbar und das in nie da gewesener Fülle. Selbst kleinere baugewerbliche Betriebe preisen ihre Dienstleistungen auf eigenen Websites an.

Neben der ständig wachsenden Informationsmenge, auf die wir über elektronische Medien zugreifen, erreichen uns tagtäglich mündliche und schriftliche Informationen, die wir zu bearbeiten haben. Weit entfernt vom „papierlosen Büro“ werden wir von Informationen nahezu überflutet. Unser aller Problem: 50 % der umlaufenden betrieblichen Informationen sind überflüssig!

Um in der Informationsflut nicht unterzugehen benötigen wir

1. ein System zur Kanalisierung der einströmenden Informationen
2. Methoden zur schnellen Informationsverarbeitung: Lesetechniken
3. die richtige Einstellung: Wir müssen nicht alles im Detail wissen

### 5.6.1. Effektive Informationsbearbeitung

Vielleicht ist es Ihnen auch schon einmal so gegangen, dass Sie ein Schriftstück zur Hand nehmen, es lesen, wieder zurücklegen und dann so oft von einem Stapel zum anderen schieben, bis sie völlig vergessen haben, um was es ging. Manchmal haben sie ja Glück und das Ganze hat sich zwischenzeitlich von selbst erledigt. Andernfalls nehmen Sie das Schriftstück erneut auf und müssen sich wieder einlesen. Währenddessen wachsen die Stapel auf Ihrem Schreibtisch mehr und mehr.

Wenn es Ihnen so geht, sollten Sie sich umgehend damit auseinandersetzen, wie Sie auf Ihrem Schreibtisch den Überblick behalten und wie Sie Ihre Informationsflut effektiv kanalisieren.

Mit dieser Schreibtisch – Organisation behalten Sie den Überblick:

| Fach / Korb | für |
|---|---|
| Eingang | Eingehende Post und Informationen |
| Ausgang | Informationen / Aufgaben für Mitarbeiter |
| Rot | Sofort tun |
| Grün | Lesen |

In Pultordner / Hängemappen mit Termin – „Reitern“ gehören Texte zur Wiedervorlage, Projekte, Sonderaufgaben, Ideen werden in Hängemappen sortiert. Die „End-Ablage“ findet im Papierkorb statt.

Übrigens: Nach einer IBM – Untersuchung werden nur 4 % der abgelegten Dokumente jemals wiederverwendet! Mehr als 11 Milliarden Blatt Papier lagern bei IBM in den Archiven. Damit es bei Ihnen platzsparender zugeht:

Im Zweifel für den Rundordner:

Und so kanalisieren Sie Ihre Informationen richtig:

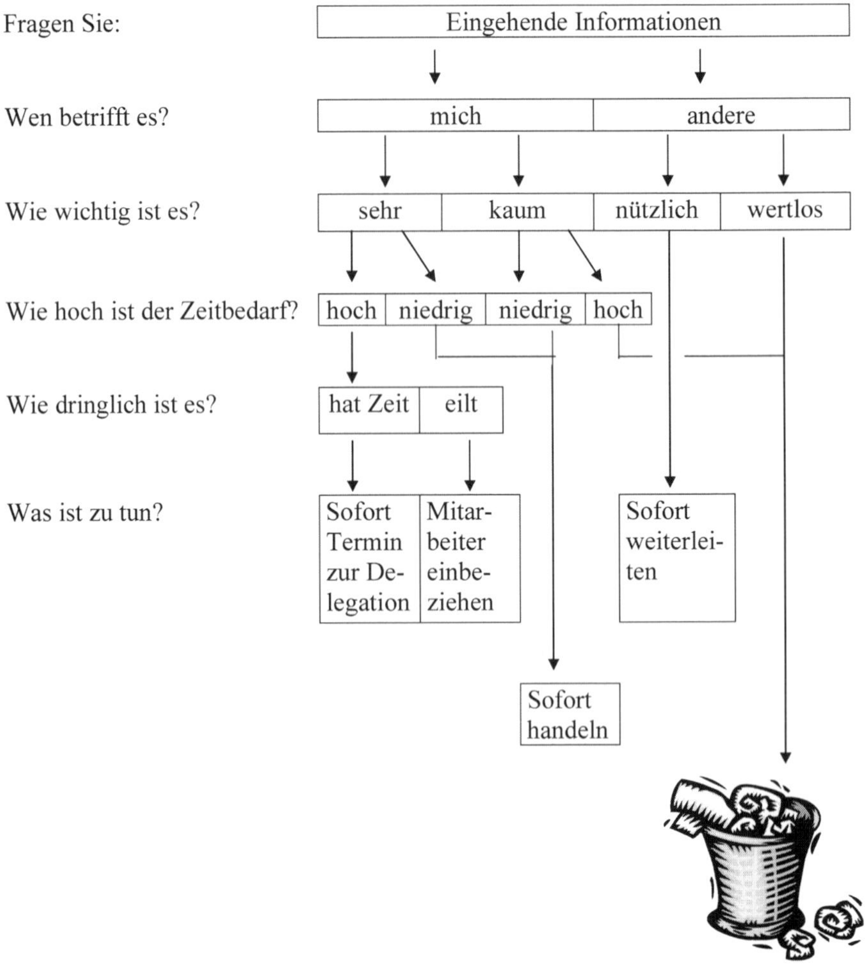


Informationen zu kanalisieren ist das eine, Sie schnell zu verarbeiten das andere. Prüfen Sie mit der Aufgabe im Folgetext, wie effektiv Sie lesen.

### 5.6.2. Rationelles Lesen

Aufgabe: Finden Sie das Lösungswort aus dem nachfolgenden Text

## I. Lesen mit der Drei-Schritt-Methode

Ungeübte Leser lesen die unterschiedlichsten Texte Seite für Seite, Wort für Wort durch. Für Kriminalromane ist das sicher sinnvoll, für Fachliteratur weniger. Hier empfehlen wir die Drei-Schritt-Methode

*1. Schritt: Grob überfliegen*

Nutzen Sie zuerst die Orientierungshinweise des Buches / Textes, besonders das Inhaltsverzeichnis, die Kapitelüberschriften usw. Prüfen Sie, ob das Buch oder der Text das enthält, wonach Sie suchen. Mit Diagonallesen geht das rasch und problemlos. Dabei überfliegen Sie interessante Textstellen so schnell Sie können und kontrollieren, ob diese lesenswert sind.

*2. Schritt: Gezieltes Lesen*

Lesen Sie jetzt die herausgefilterten Stellen mit angemessenem Tempo; neue Inhalte gründlich und langsam, vertrautere Texte mehr überfliegend. Markieren Sie wichtige Passagen.

*3. Schritt: Zusammenfassen*

Halten Sie das Wichtigste fest und fassen Sie den Inhalt zusammen.

Zunächst scheint diese Methode zeitaufwendig – tatsächlich spart sie aber Zeit, denn die Informationssuche erfolgt zielgerichtet und wesentlich effektiver.

## II. Auf der Suche nach dem Lösungswort

Haben Sie tatsächlich den ganzen Abschnitt I gelesen?

Wenn ja – dann sollten Sie sich die Drei-Schritt-Methode zukünftig gut merken. Wer den ersten Schritt „Grob überfliegen“ anwendet, hat sich schnell Überblick verschafft. Ein geübter Leser findet anhand der Überschriften schnell heraus, dass die eigentliche Suchanweisung für das Lösungswort erst später auftaucht. Nun gut, nun wissen Sie, was Sie optimieren können – wieso halten Sie sich eigentlich noch hier auf?

**III. Suchanweisung**

Vorarbeiten:

1. Schreiben Sie den Anfangsbuchstaben Ihres Firmennamens in die mit einem „*“ gekennzeichnete Spalte in Testkasten 2.
2. Notieren Sie den Endbuchstaben ihres Familiennamens in die mit einem „#“ gekennzeichnete Spalte in Testkasten 1.
3. Bilden Sie ein Wort mit mindestens acht Buchstaben zwischen denen von Ihnen aufgeschriebenen Buchstaben

Ermittlung des Lösungswortes:

4. Das Wort in der Spalte unter Testkasten 3 ist das Lösungswort.

<table>
<tr><td>Testkasten 1</td><td>Testkasten 2</td><td>Testkasten 3</td></tr>
<tr><td>#</td><td>*</td><td rowspan="2">3-Schritt-Methode</td></tr>
<tr><td colspan="2">#___.........................................................___*<br>ist für die Aufgabestellung unerheblich</td></tr>
</table>

5.6.3. Textauswahl mit System

Selbst mit effektiver Informationsbearbeitung und als gut geübter Anwender der 3-Schritt-Methode – Sie werden nicht alles lesen können! Mit „Mut zur Lücke“ dämmen Sie die Informationsflut ökonomisch, in dem Sie sich fragen:

- Was muss ich alles lesen?
- Was soll ich alles lesen?
- Was will ich alles lesen?
- Was will ich damit anfangen?
- Was kann ich später lesen?
- Was brauche ich überhaupt nicht zu lesen?

Das Flussdiagramm verdeutlicht, wie Sie unter den Ihnen vorliegenden Schriftstücken zielbewusst und wirtschaftlich auswählen. Ihre Lesezeit ist zu kostbar, um Sie planlos zu vertun!

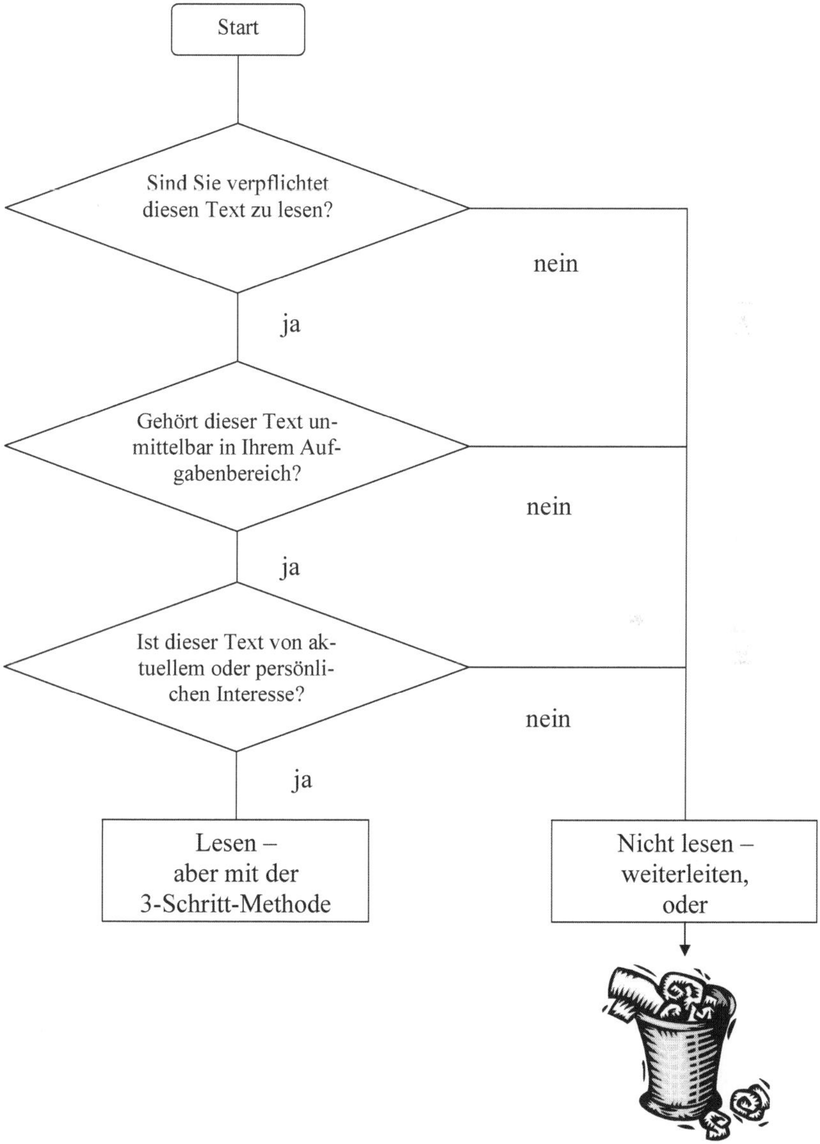

Mit den folgenden „Empfehlungen vor dem Lesen“ setzen Sie die Systematik des Flussdiagramms konsequent um:

- Lesen Sie nur, was wichtig ist!

- Sprechen Sie mit Ihrer Sekretärin ab, nach welchen Kriterien Ihre Post „gesiebt“ werden soll. So verhindern Sie, dass unwichtige Post zweimal gelesen wird.

- Entscheiden Sie, ob
  - gelesen werden muss
  - Sie es selbst lesen müssen
  - wenn ja, ob Sie es jetzt lesen müssen

- Delegieren Sie Lesearbeit. Versäumen Sie jedoch nicht, Zusammenfassungen schreiben zu lassen und auch anzufordern.

- Setzen Sie sich vor dem Lesen Ziele!

- Lesen Sie gründlich das Inhaltsverzeichnis.

- Beachten Sie auch Sach- / Stichwortverzeichnisse. Sie helfen Ihnen, schneller die gewünschten Informationen zu finden.

- Überfliegen Sie jeden Text, um sich einen Überblick zu verschaffen. Ergibt sich beim ersten flüchtigen Lesen nichts Wichtiges für Ihre Leseabsicht – Text nicht mehr lesen!

- Markieren Sie wichtige Textstellen.

- Schreiben Sie Zusammenfassungen!

Je effektiver Sie Informationen kanalisieren und je rationaler sie mit Texten umgehen, umso mehr Zeit gewinnen Sie. Gesuchte Informationen sind schneller zugänglich, Wesentliches wird sofort erkannt. Sie bearbeiten die Daten nach klar erkennbaren Prioritäten und helfen anderen, zügiger voranzukommen: Die Informationen landen dort, wo sie gebraucht werden.

## 5.7 Arbeit anderer tun

Wer als Bauleiter die Arbeit anderer tut, weiß entweder nicht genau, was er zu tun hat (unklare Aufgabenstellung, fehlende Stellenbeschreibung), und koordiniert von daher mangelhaft und mit wenig Mut zur Delegation. Oder er denkt, dass es schneller geht, wenn er die Dinge selbst in die Hand nimmt. Das mag zwar auf dem ersten Blick stimmen, doch beim genaueren Hinsehen stellt sich das schnell als Trugschluss heraus.

Aus der Zeitfalle „Arbeit anderer tun" kommt nur heraus, wer auf klare Zuständigkeiten drängt und im Rahmen seiner Möglichkeiten planmäßig delegiert. Damit dies gelingt, ist vor allem Selbstdisziplin und Konsequenz gefragt. Nur wer sich selbst nicht unnötig unter Zeitdruck setzt, mit „Geduld und Spucke" seinen Weg geht, wird durch konsequentes Handeln auf Dauer Zeit sparen.

Prüfen Sie mit dem Fragebogen, ob Sie dazu neigen, sich unnötig stark selbst in Zugzwang zu setzen, sich antreiben zu lassen, alles „mal eben schnell" selbst zu erledigen, bevor Sie es auch noch umständlich erklären müssen.

Bewerten Sie die Aussagen so, wie Sie sich gegenwärtig in Ihrem Bauunternehmen erleben!

| **Fragebogen: Setze ich mich selbst (immer) unter Zeitdruck?** | | | | | |
|---|---|---|---|---|---|
| Aussage | trifft ... zu | | | | |
| | voll | meist | teils | selten | nicht |
| Ich bin ständig in Eile. | 5 | 4 | 3 | 2 | 1 |
| Meine Ziele will ich möglichst schnell erreichen. | 5 | 4 | 3 | 2 | 1 |
| Menschen, die „herumtrödeln" regen mich auf. | 5 | 4 | 3 | 2 | 1 |
| Im Gespräch unterbreche ich öfters. | 5 | 4 | 3 | 2 | 1 |
| Aufgaben erledige ich möglichst rasch. | 5 | 4 | 3 | 2 | 1 |
| Rasche Antworten schätze ich. | 5 | 4 | 3 | 2 | 1 |
| Ungeduldiges Fingerklopfen oder eine andere Art der Ungeduld ist für mich typisch. | 5 | 4 | 3 | 2 | 1 |
| Meine Nervosität und Konzentrationsschwierigkeiten nehmen zu. | 5 | 4 | 3 | 2 | 1 |
| „Macht mal vorwärts" signalisier ich öfter. | 5 | 4 | 3 | 2 | 1 |
| Ich mache gerne zwei Sachen auf einmal, z.B. telefonieren und Akten sortieren | 5 | 4 | 3 | 2 | 1 |

Jeder Einschätzung ist eine Punktzahl zugeordnet.
Addieren Sie die Werte zu Ihrer Gesamtpunktzahl

**Auflösung**

Weniger als 17 Punkte:

Sie laufen keine Gefahr, sich unnötig stark beeilen zu wollen. Die angesprochenen Gegenmaßnahmen „auf klare Zuständigkeiten drängen" und „planmäßiges Delegieren" sollten Ihnen nicht allzu schwer fallen.

18 – 27 Punkte:

Sie sind hin und wieder versucht, sich selbst übermäßig stark in Zugzwang zu setzen. Optimierungen wie oben angesprochen dürften Ihnen zwar nicht schwer fallen, sie sollten jedoch bei der Realisierung konsequenter und vor allem geduldiger vorgehen.

Über 28 Punkte:

Sie sollten dringend an sich arbeiten. Ihre Neigung sich selbst übermäßig stark in Zeitdruck zu setzen, ist sehr stark ausgeprägt. Beginnen Sie damit, Ihren Zuständigkeitsbereich zu klären. Erwägen Sie sorgfältig Möglichkeiten der planmäßigen Delegation. Seien Sie mutiger und geduldiger bei der Übertragung von Aufgaben an Ihre Mitarbeiter.

## 5.8 Routinearbeiten, persönliche Gewohnheiten

Das Dumme an den Zeitdieben „Routinearbeiten" und „persönliche Gewohnheiten" ist, dass es sich dabei oft um Aufgaben oder Tätigkeiten handelt, „an denen das Herz hängt". Die Eliminierung dieser Zeitdiebe erfordert viel Selbstdisziplin.

Wenn Sie durch diese Zeitdiebe überlastet werden, sollte Sie ab sofort beherzt über Ihren Schatten springen. Nutzen Sie die Arbeitsblätter auf den Folgeseiten zur selbstkritischen Überprüfung. Finden Sie heraus welche Routinearbeiten und welche persönlichen Gewohnheiten Sie schon heute aufgeben können.

| **Arbeitsblatt: Ermittlung sachlich unnötiger Routinearbeiten** | | | |
|---|---|---|---|
| Fragen Sie selbstkritisch | nein | ja | Wenn ja, warum? |
| Muss ich die Eingangspost täglich lückenlos durchsehen? | | | |
| Muss ich die Zeitung / Zeitschrift X regelmäßig lesen? | | | |
| Muss ich in dem Ausschuss X vertreten sein? | | | |
| Muss ich an der Besprechung X unbedingt teilnehmen | | | |
| Muss ich die Statistik X periodisch weiterführen? | | | |
| Muss ich über den Vorgang X eine Aktennotiz machen? | | | |
| Muss ich über die Besprechung X ein Protokoll anfertigen? | | | |
| Muss ich eine Ausarbeitung lückenlos prüfen? | | | |
| Muss ich die Ausarbeitung (Angebot, Brief, Protokoll, Bericht usw.) meines Mitarbeiters überarbeiten? | | | |

| Arbeitsblatt: Abbau zeitraubender persönlicher Gewohnheiten | | | | |
|---|---|---|---|---|
| Gewohnheit | Abbaumöglichkeit | geeignet | | Bei „nein“ – warum nicht? |
| | | Ja | Nein | |
| Aus Angst oder Ungeduld alles selbst machen wollen | Mitarbeitern vertrauen, auch wenn die Arbeiten nicht 100 % erledigt werden | | | |
| Überengagement, zu temperamentvolles spontanes handeln; Spontanaktionen, die dann widerrufen werden | Zuerst schweigen und überlegen, Bedenkzeiten einführen, überschlafen, kritischer werden, die Dinge hinterfragen | | | |
| Zu genaues Arbeiten, ständig alles überprüfen und absichern, aus dem Denken nicht herauskommen | Nicht grübeln, sondern geplante Arbeiten flott in die Tat umsetzen, auch wenn Details im Plan noch zu verbessern wären | | | |
| Unordnung am Arbeitsplatz; Durcheinander | Es darf nur am Arbeitsplatz liegen, was für die Erledigung der jeweiligen Aufgabe benötigt wird | | | |
| Termine nicht einhalten können; chronisches „Zuspätkommen“ | Zeit realistischer einschätzen, mehr Reservezeit vorsehen. Grundsätzlich Termine fünf Minuten zu früh wahrnehmen | | | |
| Schlechte Erklärungen, dadurch ständige Rückfragen | Vergewissern, ob man verstanden worden ist | | | |
| Redseligkeit, von einem zum anderen kommen | Immer nur ein Sachthema behandeln | | | |
| Entscheidungen nicht rechtzeitig treffen, Unentschlossenheit | Entscheidungshilfen einsetzen (Vorteil – Nachteil – Liste; Entscheidungsmatrix) | | | |
| Unangenehme Aufgaben werden immer wieder verschoben | Unangenehme Aufgaben möglichst gleich erledigen oder einen festen Termin zur Erledigung setzen | | | |

## 5.9 Schwächen der Mitarbeiter

Gerade in wirtschaftlich schwierigen Zeiten hängt der Erfolg, ja manchmal sogar das Überleben einer Baufirma entscheidend davon ab, inwieweit es gelungen ist, den richtigen Mann am richtigen Platz eingesetzt zu haben und/oder einzusetzen. Selbständige, mitdenkende Fachkräfte sind gefragt. Starke Mitarbeiter entlasten, schwache belasten.

Wer seine Mitarbeiter gezielt auswählt, vermeidet schon im Vorfeld zeitaufwendige Führungsarbeit. Schließlich bedürfen schwache Mitarbeiter wegen mangelnder Qualifikation oder zu geringer Selbständigkeit mehr Anleitung und Kontrolle.

In vielen Baufirmen sind gute Erfahrungen damit gemacht worden, sich nicht darauf zu beschränken, nur die fachliche, sondern die umfassendere, gesamte berufliche Handlungskompetenz in systematischer Form im Personalauswahlverfahren zu hinterfragen.

Wir sprechen von beruflicher Handlungskompetenz, wenn ein Mitarbeiter über fachliches Können in Theorie und Praxis hinaus über Methodenkompetenz (Transferfähigkeit, Selbständigkeit, Informationsaufnahme und -verarbeitung, Eigeninitiative, Lernfähigkeit) und Sozialkompetenz (Kooperations- und Teamfähigkeit, Führungsqualitäten), sowie über Einstellungen und Werthaltungen verfügt, die dem Denk- und Umgangsstil des Hauses entsprechen (z.B.: Belastbarkeit, Sorgfalt, Zuverlässigkeit, Pflichtgefühl usw.).

Fachkompetenz allein genügt schon lange nicht mehr, um in der Baubranche erfolgreich zu wirken. Stark in der Persönlichkeit verwurzelte, zusätzliche Eigenschaften, die sogenannten Schlüsselqualifikationen sind mindestens genau so wichtig. So vermag eine Baufachkraft mit einer gut ausgeprägte Methodenkompetenz Wissenslücken in fachlicher Hinsicht schnell zu schließen, arbeitet selbständig und zeigt Eigeninitiative. Positive Einstellungen und Werthaltungen sichern qualitativ und quantitativ einwandfreie Arbeitsergebnisse. Mit stark ausgeprägter Sozialkompetenz zeigt sich die Baufachkraft teamorientiert und sicher im Auftreten beim Kundenkontakt.

Wenn Sie Ihre Personalauswahl gezielt durchführen wollen, sollten Sie in einem Anforderungsprofil für die zu besetzende Stelle festlegen, welche Schlüsselqualifikationen vorhanden sein müssen, um die Stelle optimal zu besetzen. Haben

Sie ermittelt, welche persönlichen Eigenschaften vorhanden sein müssen, gilt es nun zu bestimmen, wie diese ausgeprägt sein müssen.

Erste Rückschlüsse auf den Bewerber lassen sich schon aus der Zusammenstellung der Bewerbungsunterlagen ziehen. So sollten wirklich interessierte Bewerber um die Standards für gut zusammengestellte Bewerbungsunterlagen wissen:

- Anschreiben und Lebenslauf sind auf qualitativ hochwertigen Papier in guter Schriftqualität verfasst
- Kopien der Zeugnisse sind sauber und kontrastreich
- Ein gutes farbiges Portraitfoto mit Namen und Anschrift auf der Rückseite liegt bei
- Der maschinengeschriebene Text des Anschreibens und des tabellarischen Lebenslaufes ist knapp und präzise formuliert.
- Das Anschreiben setzt sich inhaltlich mit der Stellenanzeige auseinander.
- Der Lebenslauf ist übersichtlich gegliedert und enthält vollständige Angaben zur Person, wie Anschrift, Geburtsdatum und -ort, Familienstand und eine lückenlose Darstellung des Ausbildungs- und Berufsweges sowie Hinweise auf mögliche Spezialgebiete. Persönliche Daten und Informationen sind erwähnt, wenn sie für die Stelle von Bedeutung sind.
- Selbstverständlich ist auf korrekte Rechtschreibung, Grammatik und Interpunktion geachtet worden.

Selbstverständlich achten Sie schon bei der Durchsicht der Bewerberunterlagen darauf, dass fachliches Wissen und Können durch Zeugnisse ausreichend nachgewiesen sind.

Analysieren Sie die Bewerbungsunterlagen weiter, indem Sie fragen:

- Erscheint der Aufbau des beruflichen Werdeganges sinnvoll?
- Ist der Lebenslauf in der zeitlichen Folge lückenlos erklärt?
- Wie häufig wurden die Stellen gewechselt?
- Was fällt gegenüber einem durchschnittlichen Lebenslauf als außergewöhnlich auf? Welche Gründe kann es dafür geben?
- Welche Informationen fehlen? (z.B.: Heirat, Kinder, Elternhaus, genaue Angaben zur letzten Tätigkeit...)

Ergeben sich Fragen aus der Analyse, prüfen Sie diese im Personalauswahlgespräch sorgsam.

Wer mit seinen Bewerbungsunterlagen überzeugt, wird zum Personalauswahlgespräch eingeladen. Hier heißt es nun, herausfinden ob, bzw. inwieweit der Bewerber dem Personal-Anforderungsprofil entspricht. Beachten Sie bei der Gesprächsführung:

- Der Bewerber soll reden
- Das Gespräch muss gesteuert werden – aber unter Berücksichtigung der Bedürfnisse des Bewerbers
- Es muss ein Zeitplan vorliegen
- Offene Fragen aus Vorauswahl (Bewerberunterlagen) und Erstkontakt (Telefonat) sind zu klären
- Während des Gesprächs werden nur wenige notwendige Stichworte aufgeschrieben – sofort anschließend an das Gespräch werden Beobachtungen festgehalten, wichtige Aussprüche notiert, Teil-Urteile aufgeschrieben, zusätzliche Fakten ergänzt.
- Der Interviewer darf nicht auf den Inhalt allein achten, sondern muss parallel stets das Verhalten beobachten, Erklärungen suchen, Hypothesen überprüfen.

Nutzen Sie für Ihr nächstes Personalauswahlgespräch die Tabelle auf der Folgeseite. Sie zeigt Ihnen, welche Informationen und welche Verhaltensbeobachtungen auf Eigenschaften schließen lassen.

Aus dem Gespräch werden die Rückschlüsse aus Informationen und Verhaltensbeobachtung zu einem Bewerberprofil verdichtet, dass dem Personal – Anforderungsprofil gegenübergestellt wird. Je besser beide Profile übereinstimmen, umso höher dürfte die Wahrscheinlichkeit sein, dass der Bewerber den Stellenanforderungen entspricht.

Um die Prognose über den Bewerber noch zuverlässiger abzusichern eignen sich weitere Eignungsfeststellungsverfahren, wie Fragebogen, Tests, Arbeitsproben, Folgegespräche oder auch nach der Assessement-Center-Methode, die gut abgestimmt eine Kombination aller Möglichkeiten darbieten.

Auf den Einsatz zusätzlicher Eignungsfeststellungsverfahren wird häufig wegen des hohen Zeit- und Kostenaufwandes verzichtet. Für mich nicht immer nachvollziehbar, wenn ich beispielsweise sehe, wie viel Zeit, Mühe und Geld dabei draufgeht, neue Baumaschinen anzuschaffen. Bei gleichem Aufwand für die Personalauswahl dürfte der Zeitdieb „Schwächen der Mitarbeiter“ kaum mehr eine Rolle spielen.

| **Tabelle: Eigenschaften im Spiegel von Informationen und Verhaltensbeobachtung** | |
|---|---|
| **Eigenschaft** | **Beobachtung von** |
| Aufgeschlossenheit | Mienenspiel, Aufmerksamkeit, stellt Fragen, berichtet lebhaft, Ideen, Bildungsverhalten, Literatur, Hobby |
| Informationsaufnahme und -verarbeitung | Sprechtempo, erkennt Zusammenhänge, Reaktionszeit, konkret-anschaulich oder abstrakt, Urteilsvermögen |
| Selbständigkeit | Sicherheit im Auftreten, stellt Fragen, Eigeninitiative im Lebenslauf, sichere Urteile, trifft Entscheidungen |
| Sorgfalt, Genauigkeit | Sorgfalt in Sprache und Ausdruck, präzise Aussagen, nennt Fakten, äußere Erscheinung, Schilderung der Arbeit |
| Belastbarkeit | Aufmerksamkeitsdauer, Lautstärke der Stimme, Gestik, Ausgeglichenheit, Tagesablauf, Freizeitaktivität, Ich – Motive |
| Kontaktfähigkeit | freundliche Ausstrahlung, flüssige Sprechweise, kann zuhören, bringt eigene Ideen ein, Freundeskreis |
| Überzeugungskraft | spricht betont, strukturiert, einsichtige Argumente, beobachtet Anliegen des Partners, Stimmigkeit in Aussagen und Körpersprache, werteorientiert |
| Kooperationsfähigkeit | spricht von „Wir“, Offenheit, baut auf Gedanken anderer auf, kein Drang nach Profilierung / Ehrgeiz, Hilfsbereitschaft im Lebenslauf |

## 5.10 Perfektionismus, Pedanterie

Kaum zu glauben – aber wahr: nicht wenige Bauleiter blockieren einen Teil Ihrer Zeit mit Aktivitäten, die sie genauso gut sein lassen könnten. Nichts würde passieren. Für viele Tätigkeiten gibt es keinerlei sachliche Notwendigkeit, auch wenn immer wieder sachliche Scheinargumente angeführt werden. Hier einige Beispiele aus der Praxis:

- „Als Führungskraft muss ich unbedingt über jedes Detail Bescheid wissen; schließlich brauche ich einen Wissensvorsprung."

- „Ich kann doch keine halben Sachen hinnehmen. Wo kämen wir den da hin? Im Bauhandwerk gibt es nur Hundertprozent – Lösungen, und zwar immer und überall!"

- „ Wenn ich nicht immer alle Einzelheiten festhalten, komme ich später in Teufels Küche. Wie soll ich mich dann verteidigen?"

- „Vertrauen ist gut, Kontrolle ist besser! Wenn ich nicht immer alles kontrolliere, läuft es garantiert schief!"

- „Was mir meine Leute vorlegen, kann ich so nie weitergeben. Ich muss immer allem noch den letzten Schliff geben!"

- „In diesem Ausschuss muss ich doch unbedingt vertreten sein!"

Sicher mag das eine oder andere für bestimmte Fälle gelten, doch was an den Äußerungen bedenklich stimmt, sind die Wörtchen „unbedingt", „nie", „immer", „alles" und „überall". Wer so denkt, argumentiert nicht rational. Er setzt sich unnötig unter Druck. Selbstüberforderung und unangemessen hohe Anforderung an die Arbeitserfüllung sind die Folge.

Der erste Schritt zur Besserung ist die selbstkritische Reflexion. Gegenmaßnahmen liegen in zielgerichteten, ökonomischeren Handlungen. Das Zauberwort lautet: „Funktionsgerechtigkeit".

Prüfen Sie mit dem Fragebogen auf der Folgeseite, ob Sie zu selbstüberfordernden Perfektionismus neigen.

Bewerten Sie die Aussagen so, wie Sie sich gegenwärtig in Ihrem Bauunternehmen erleben!

| **Fragebogen: Wie perfekt will ich (immer) sein?** | | | | | |
|---|---|---|---|---|---|
| Aussage | trifft ... zu | | | | |
| | voll | meist | teils | selten | nicht |
| Meine Arbeiten führe ich stets perfekt aus. | 5 | 4 | 3 | 2 | 1 |
| Ich rege mich (wenigstens innerlich) über Leute auf, die nicht präzise reden oder arbeiten. | 5 | 4 | 3 | 2 | 1 |
| Wenn ich meine Meinung äußere, begründe ich sie auch. | 5 | 4 | 3 | 2 | 1 |
| Schriftliche Ausarbeitungen überprüfe ich vor Abgabe mehrmals. | 5 | 4 | 3 | 2 | 1 |
| Ich sollte meine Arbeit noch besser erledigen. | 5 | 4 | 3 | 2 | 1 |
| Es ist mir wichtig, dass Arbeiten vor der Zeit fertig sind. | 5 | 4 | 3 | 2 | 1 |
| Ich gliedere meine Aussagen gerne, z.B.: erstens, zweitens ... | 5 | 4 | 3 | 2 | 1 |
| Ich setze gerne für mich die Messlatte höher, als es eigentlich vereinbart war. | 5 | 4 | 3 | 2 | 1 |
| Kompromisse gehe ich ungern ein. | 5 | 4 | 3 | 2 | 1 |
| Häufig sage ich: Genau!, Klar!, Logisch! | 5 | 4 | 3 | 2 | 1 |

Jeder Einschätzung ist eine Punktzahl zugeordnet.

Addieren Sie die Werte zu Ihrer Gesamtpunktzahl

Die Auflösung finden Sie auf der Folgeseite.

**Auflösung**

Weniger als 17 Punkte:

Sie laufen keine Gefahr, unnötig stark perfekt sein zu wollen. Ökonomisches Handeln mit „Beschränkung auf Funktionsgerechtigkeit“ sollte Ihnen nicht allzu schwer fallen. Arbeiten Sie mit den Zielsetzungstechniken aus Kapitel 3.

18 – 27 Punkte:

Sie zeigen Tendenzen zu pedantischem Perfektionismus. Formulieren Sie persönliche Ziele, um ökonomischer zu handeln. Denken Sie vor allem an das „Zauberwort“: Funktionsgerechtigkeit!

Über 28 Punkte:

Sie sollten dringend an sich arbeiten. Ihre Neigung übermäßig perfekt sein zu wollen, ist stark ausgeprägt. Überlegen Sie, welche Tätigkeiten auch „nur“ funktionsgerecht ausgeführt werden können. Erstellen Sie eine Rangreihe, in der Sie festlegen, welche Tätigkeiten Sie am ehesten funktionsgerecht ausführen könnten. Mit diesen fangen Sie an! Werden Sie perfekt darin, darauf zu achten, dass nicht alles immer pedantisch perfekt sein muss!

## 5.11 Schlechte Arbeitsplatzorganisation, Durcheinander

In den „Baubuden“ vieler Bauleiter offenbart sich ein Relikt früher Menschheitsgeschichte: Die „Jäger und Sammler“ der Vorzeit sind heute „Volltischler“. Aus Angst, das Wesentliche zu vergessen, werden alle „Vorgänge“ auf dem Tisch gestapelt. Nichts darf verloren gehen!

Nur – wer jedes Blatt Papier, Poststück, Management-Wissen-Magazin u.s.w. auf seinem Schreibtisch hortet, bindet Aufmerksamkeitseinheiten seines Gehirns und damit Teile seiner Arbeitsenergie. Motivation und Konzentrationsfähigkeit werden so blockiert. Volltischler „verzetteln“ sich im wahrsten Sinne des Wortes. Aufgeregt wird in Papierstapeln gewühlt: Wo habe ich das denn noch mal hingelegt? Manch wichtige Aufgabe wird hektisch in letzter Minute erledigt, weil sie „aus den Augen, aus dem Sinn“ war.

Falls es auf Ihrem Schreibtisch ähnlich chaotisch zugeht – machen sie dem Stress ein Ende. Starten Sie eine Sofort – Maßnahme. Zu allen unerledigten Schriftstücken auf Ihrem Schreibtisch fragen Sie:

Bis wann habe ich das erledigt?

Gemäß dem 3-Stufen-Prinzip gehen Sie dann wie folgt vor:

1. Sofort tun

Erledigen Sie sofort, was weniger als fünf Minuten dauert. Für alles andere setzen einen konkreten Termin fest, wann im weiteren Tagesverlauf Sie es tun werden.

2. Tagesplan

Notieren Sie in Ihrem Tagesplan, was Sie in den nächsten Tagen erledigen wollen. Setzen Sie Prioritäten. Verwenden Sie den Tagesplan auf der Folgeseite.

3. Checkliste zur Kontrolle der Aufgabenerledigung

Schreiben Sie alles was Sie später erledigen wollen, in eine Checkliste zur Kontrolle der Aufgabenerledigung. Eine Checkliste finden Sie auf der übernächsten Seite.

Für all die Papiere, die Sie später einmal in Ruhe lesen möchten, richten Sie neben Ihrem Schreibtisch einen passenden Platz ein, z.B. auf einem Sideboard. Alles andere geben Sie dem besten Freund des Leertischlers – ab damit in den Papierkorb. Geben Sie sich einen Ruck, es kann mehr weg als Sie meinen!

Was dann noch bleibt, sollte in einem einfachen Ablagesystem gesammelt werden. Hier ist schnelles Finden ohne langes Suchen angesagt. Wer nach dem Motto lebt „Wer Ordnung hält ist nur zu faul zum Suchen“, sollte sich vor Augen führen, dass es im Schnitt etwa zehnmal so lange dauert etwas wiederzufinden, wie es gut auffindbar abzulegen.

| **Tagesplan** | | | | |
|---|---|---|---|---|
| Priorität | Zeitpunkt | Was ist zu tun? | Wie lange? | |
| | | | SOLL (geschätzt) | IST (tatsächlich) |
| | | | | |
| Gesamtaufwand | | | | |

| Telefonate | Zeitpunkt | | Privates / Sonstiges | Zeitpunkt |
|---|---|---|---|---|
| | | | | |

| Checkliste zur Kontrolle der Aufgabenerledigung | | | | | |
|---|---|---|---|---|---|
| Datum | Priorität | Was ist zu tun? | Beginn | Fertig bis | Bemerkung |
| | | | | | |

Prüfen Sie nun mit den Leitfragen, ob Sie ein sinnvolles Ordnungssystem eingerichtet haben. Die Frage sind zugleich Optimierungshilfen:

- Verfügen Sie über ein Grundsystem in Ihrer Registratur (durchgehende Organisation mit Hebelordner, Pendelmappen, Hängeregistratur oder Stehablagen)?
- Erfassen Sie Schriftstücke schon während der Bearbeitung unter Ordnungsbegriffe, so dass später ein sofortiger Zugriff möglich ist?
- Nutzen Sie Einzelmappen zur Sofort-Ordnung am Arbeitsplatz?
- Ordnen Sie Ihre Schriftstücke nach übersichtlichen und logischen Kriterien?
- Liegen auf Ihrem Schreibtisch nur Unterlagen, die zeitnah bearbeitet werden müssen?
- Handeln Sie konsequent nach der Devise: Neuer Vorgang = neue Mappe?

## 5.12 Unentschlossenheit

Bauleitern, die unentschlossen zu Werke gehen, fehlt entweder der Mut zur Verantwortung oder aber sie suchen unentwegt nach perfekter Information. Währenddessen bleibt die Arbeit liegen und belastet die Gedanken. Manchmal hat der eine oder andere Glück, aber nur selten erledigen sich die Dinge von selbst dadurch, dass man sie liegen lässt.

Wem es nicht gelingt, seine Informationsbeschaffung und -auswertung durch feste Termine zeitlich zu begrenzen, läuft Gefahr früher oder später der „Aufschieberitis“ zum Opfer zu fallen.

Beantworten Sie selbstkritisch die Fragen auf der Folgeseite. Mit ihnen kommen Sie nicht nur der „Aufschieberitis“ auf die Spur, jedes „Ja“ zeigt Ihnen gleichzeitig, was Sie verändern sollten.

- Suche ich nach Entschuldigungen um Schwieriges aufzuschieben?
- Brauche ich Druck, um an schwierigen Aufgaben weiterzuarbeiten?
- Gibt es viele Unterbrechungen die mich abhalten, wichtiges zu erledigen?
- Nehme ich Arbeit mit nach Hause, um sie abends oder am Wochenende zu erledigen?
- Bin ich manchmal zu nervös oder zu müde, um wichtige Aufgaben anzupacken?
- Muss ich erst alles vom Tisch wegarbeiten, damit ich mich auf schwierige Arbeiten konzentrieren kann?
- Vermeide ich es, mir Endtermine zu setzen.

## 5.13 Wartezeiten, z.B. am Kopierer

Wer spontan, ohne Absprache an gemeinsame Geräte geht, darf sich nicht wundern, wenn diese besetzt sind. Sollte Ihnen dies auch immer wieder passieren, habe ich einen heilsamen Tipp für Sie:

Notieren Sie sich Ihre Wartezeiten in der nächsten Arbeitswoche und rechnen Sie aus, was das Ganze kostet!

Spätestens dann wird Ihnen sehr klar, wie sinnvoll Absprachen über Nutzungszeiten gemeinsamer Geräte sind.

## 5.14 Unrealistische Zeitplanung: zu viel soll in zu kurzer Zeit erledigt werden

Viele Methoden des Zeitmanagements stehen und fallen mit der genauen Überwachung durch ständige SOLL – IST – Vergleiche. Wenn immer wieder die

Zeitfalle „Unrealistische Zeitplanung: zu viel soll in zu kurzer Zeit erledigt werden“ zuschnappt, liegen zwei mögliche Ursachen nahe:

- Die SOLL – Planung erfolgt ohne vorhergehende Kontrolle bei der Zeitplanung und deren Berücksichtigung oder
- Der Betroffene setzt sich unnötig stark (immer) unter Druck, zeigt möglicherweise sogar Tendenzen zum „Workaholic“

Prüfen Sie mit dem Fragebogen, ob Sie dazu neigen, (immer) selbstüberfordernd hart zu arbeiten. Bewerten Sie die Aussagen so, wie Sie sich gegenwärtig in Ihrem Bauunternehmen erleben!

| **Fragebogen: Neige ich dazu, (immer) selbstüberfordernd hart zu arbeiten ?** | | | | | |
|---|---|---|---|---|---|
| Aussage | trifft ... zu | | | | |
| | voll | meist | teils | selten | nicht |
| Abschalten und Ausspannen fällt mir schwer. | 5 | 4 | 3 | 2 | 1 |
| Ich habe Muskelverspannung oder Magen-Darm-Beschwerden. | 5 | 4 | 3 | 2 | 1 |
| „Nur nicht aufgeben“ ist meine Devise. | 5 | 4 | 3 | 2 | 1 |
| „Vorwärts kommen“ bedeutet mir viel. | 5 | 4 | 3 | 2 | 1 |
| Für meine Erfolge muss ich hart arbeiten. | 5 | 4 | 3 | 2 | 1 |
| Einmal begonnene Arbeit führe ich auch zu Ende. | 5 | 4 | 3 | 2 | 1 |
| Ich glaube, dass die meisten Dinge nicht so einfach sind, wie sie dargestellt werden. | 5 | 4 | 3 | 2 | 1 |
| Für die Verwirklichung meiner Ziele wende ich viel Mühe auf. | 5 | 4 | 3 | 2 | 1 |
| Vorgänge während der Arbeit beschäftigen mich nach Feierabend. | 5 | 4 | 3 | 2 | 1 |
| Trotz erheblicher Anstrengungen bin ich mit dem Erreichten nicht zufrieden. | 5 | 4 | 3 | 2 | 1 |

Jeder Einschätzung ist eine Punktzahl zugeordnet.

Addieren Sie die Werte zu Ihrer Gesamtpunktzahl

**Auflösung**

Weniger als 17 Punkte:

Sie laufen keine Gefahr, sich unnötig stark selbst zu überfordern. Bei genauer Überwachung Ihrer Zeitplanung durch ständigen SOLL-IST-Vergleich sollte die Zeitfalle „Unrealistische Zeitplanung: zu viel soll in zu kurzer Zeit erledigt werden" keine Rolle für Sie spielen.

18 – 27 Punkte:

Sie sind hin und wieder versucht, sich selbst übermäßig stark in Zugzwang zu setzen.*

Über 28 Punkte:

Sie sollten dringend an sich arbeiten. Ihre Neigung sich selbst übermäßig zu überfordern, ist sehr stark ausgeprägt.*

* Lesen Sie sorgfältig die Ausführungen zum Themenfeld „Stressmanagement"

## 5.15 Spontanes Handeln, Ungeduld

Emotionales, nur wenig rationales Verhalten führt unmittelbar in die Zeitfalle „Spontanes handeln, Ungeduld" Die Lösung lautet schlicht und ergreifend:

Keine Arbeitserledigung ohne Vorüberlegung, vor allem Tages- und auch Wochenplanung!

In der „Checkliste für die eigene Arbeitssituation" auf der Folgeseite finden Sie sechs Fragenkomplexe, die Sie sich vor Arbeitsbeginn stellen sollten.

| **Checkliste für die eigene Arbeitssituation** | | |
|---|---|---|
| Fragen Sie vor Arbeitsbeginn | | ✓ |
| 1. | Ist diese Tätigkeit überhaupt notwendig?<br><br>Was geschieht, wenn sie heute nicht erledigt wird?<br>Was geschieht, wenn sie überhaupt gestrichen wird? | |
| 2. | Welches ist die wichtigste Aufgabe für heute?<br><br>Kann ich sie heute termingerecht erledigen?<br>Welche Vorkehrungen muss ich dazu treffen? | |
| 3. | Muss ich diese Arbeit unbedingt selbst erledigen?<br><br>Verfüge ich über Kollegen und / oder Mitarbeiter, die mir dabei behilflich sein könnten? | |
| 4. | Können die heutigen Aufgaben mit weniger Zeitaufwand und einfacher erledigt werden?<br><br>Habe ich den rationellsten Weg zur Lösung ausgewählt? | |
| 5. | Welche Arbeitssituation belastet mich heute am meisten?<br><br>Welche Sofortmaßnahmen zur Änderung ergreife ich? | |
| 6. | Wann kann ich heute am besten arbeiten?<br><br>Wo in meinem Tagesplan findet sich ein Zeitblock von mindestens 60 Minuten zur ungestörten Arbeit? | |

Anstelle einer Zusammenfassung habe ich auf den beiden Folgeseite alle 15 Zeitdiebe und Zeitfallen, Ihre Ursachen und Gegenmaßnahmen noch einmal für Sie übersichtlich in einer Tabelle zusammengefasst.

**Tabelle: Häufige Zeitfallen und Zeitdiebe im Überblick**

| ***Zeitfalle / Zeitdieb*** | ***Ursachen*** | ***Gegenmaßnahmen*** |
|---|---|---|
| 1. Unklare Ziele | Unsystematische Vorgehensweise | Erst Festlegung genauer Ziele, dann darauf ausgerichtet Prioritäten setzen - Tagesplanung |
| 2. Ungeplante, externe Störungen (Telefonate, unangemeldete Besucher) | „Haus der offenen Tür", Annahme jedes Telefonats | „Stille Zeiten" schaffen; Einzelgespräche nach Vorabstimmung |
| 3. Zu wenig effektive, zu lange Besprechungen | Unklare Ziele, mangelnde Vorbereitung, unzureichende Leitung | Ziele festlegen und beachten; sich selbst genau vorbereiten und bei anderen darauf drängen; Besprechungsleitung optimieren |
| 4. Zu viele, zu lange Telefonate, belanglose Inhalte | Mangelnde Planung, keine Konzentration auf das wesentliche, ohne straffe Gesprächsführung | Selbstdisziplin; Prioritätensetzung; vor jedem Telefonat überlegen; klare Linie verfolgen |
| 5. Zu viel Plauderei | Gemütlicher als arbeiten, verführt durch andere | Zeitlich klar beschränkte Plaudereien, grundsätzlich zur Entspannung nötig |
| 6. Untergehen in der Informationsflut | „Ich muss alles wissen", zu langatmige Texte | Auf Wesentliches konzentrieren; Mut zur Lücke, oft genügt ein Überfliegen |
| 7. Arbeit anderer tun | Unklare Aufgabenstellung, Mangelnde Koordination, kein Mut zur Delegation | Auf klare Zuständigkeiten drängen; Selbstdisziplin; planmäßiges Delegieren |
| 8. Routinearbeiten, persönliche Gewohnheiten | Unüberlegt vor sich hin wurschteln | Selbstreflexion; Selbstkritisches Verhalten |
| 9. Schwächen der Mitarbeiter | Mangelnde Qualifikation, zu geringe Selbstständigkeit | Gezieltere Personalauslese; individuelle Personalentwicklung |

| Fortsetzung der Tabelle: Häufige Zeitfallen und Zeitdiebe im Überblick | | |
|---|---|---|
| ***Zeitfalle / Zeitdieb*** | ***Ursachen*** | ***Gegenmaßnahmen*** |
| 10. Perfektionismus, Pedanterie | Selbstüberforderung, unangemessen hohe Anforderung an die Arbeitserfüllung | Beschränkung auf Funktionsgerechtigkeit, ökonomisches Handeln |
| 11. Schlechte Arbeitsplatzorganisation, Durcheinander | Fehlendes Sortieren nach Dringlichkeit, Übernahme jeder Arbeit | Arbeiten nach Bedeutung und Zeitpunkt der Erledigung gliedern |
| 12. Unentschlossenheit | Fehlender Mut zur Verantwortung, Suche nach perfekter Information | Eigene Terminsetzung bei Informationsbeschaffung und Informationsauswertung |
| 13. Wartezeiten, z.B. am Kopierer | Spontan an die Geräte gehen | Wann sind die Geräte weniger stark beansprucht? - Absprachen |
| 14. Unrealistische Zeitplanung: zu viel soll in zu kurzer Zeit erledigt werden | SOLL – Planung ohne vorhergehende Kontrolle bei Zeitplanung und deren Berücksichtigung | Genaue Überwachung durch ständigen SOLL – IST – Vergleich |
| 15. Spontanes Handeln, Ungeduld | Zu emotionales, zu wenig rationales Verhalten | Keine Arbeitserledigung ohne Vorüberlegung, vor allem Tages- und auch Wochenplanung |

# 6 Prioritätensetzung

Das Hauptproblem vieler Bauleiter besteht darin, dass sie sich bei Ihrer Arbeit verzetteln. Kaum haben Sie mit einer Arbeit begonnen, taucht ein Zeitdieb auf und lockt sie in eine Zeitfalle. Kein Wunder, dass die Burschen erfolgreich sind. Treffen sie doch auf Bauleiter, die sich als Krisenmanager am liebsten auf jeder Baustelle gleichzeitig engagieren würden.

Doch Erfolg hat genau der Bauleiter, der sich während einer bestimmten Zeit nur einer einzigen Aufgabe konsequent und zielbewusst widmet. Wer es versteht, Prioritäten systematisch zu setzen und konsequent zu verfolgen

- erledigt zuerst das wirklich Wichtige und Dringliche
- konzentriert sich auf jeweils eine Aufgabe
- erledigt seine Arbeit innerhalb der geplanten Zeit
- schaltet Aufgaben durch Delegation aus

Zeitplanung mit Prioritätensetzung ist die halbe Miete zur Aufgabenbewältigung. Drei Methoden zur Prioritätensetzung haben sich in der baubetrieblichen Praxis besonders gut bewährt:

1. Die ABC-Analyse
2. Das Eisenhower-Prinzip
3. Die Menü-Methode

Die Methoden gleichen sich in einem bedeutsamen Aspekt. Mit jeder Methode verleihen Sie Ihren geplanten Aktivitäten eine eindeutige Priorität. Sie setzen Prioritäten, indem Sie Ihre einzelnen Tätigkeiten nach Ihrem Wert ordnen. Eine Aufgabe ist umso wertvoller, je mehr sie dazu beiträgt, dass sie Ihre Ziele erreichen. Hier ist die ABC-Methode hilfreich.

Aus Ihren Zielen resultieren Aufgaben. Diese Aufgaben ordnen Sie nach Wichtigkeit und Dringlichkeit. Das Eisenhower-Prinzip zeigt klipp und klar, wie Sie das handhaben.

Manche der Aufgaben sind Routine. Diese sind zu rationalisieren und zu delegieren. Die Menü-Methode zeigt Ihnen wie.

## 6.1 Prioritätensetzung nach der ABC-Analyse

Erfahrungswerte belegen, dass die Prozentanteile der wichtigen und weniger wichtigen Aufgaben an der Menge aller Aufgaben im Allgemeinen konstant sind. Die Buchstaben A, B und C bezeichnen drei Klassen von Aufgaben, die für das Erreichen Ihrer Ziele unterschiedlich wichtig sind. „A“ bezeichnet die Gruppe der wichtigsten, „C“ die der unwichtigsten Aufgaben.

**A-Aufgaben** (= *Muss*-Aufgaben):

Die wichtigsten Aufgaben (A-Aufgaben) machen etwa 15 % der Menge aller Aufgaben und Tätigkeiten aus, mit denen sich ein Bauleiter befasst. Ihr Wert im Hinblick auf die Zielerreichung liegt jedoch bei 65 %.

**B-Aufgaben** (= *Kann*-Aufgaben):

Durchschnittlich wichtige Aufgaben (B-Aufgaben) machen etwa 20 % an der Menge und ebenfalls 20 % am Wert der Aufgaben und Tätigkeiten eines Bauleiters aus.

**C-Aufgaben** (= *Sollte*-Aufgaben)

Weniger wichtige oder unwichtige Aufgaben (C-Aufgaben) machen hingegen 65 % an der Menge aller Aufgaben aus, haben aber nur den geringen Anteil von 15 % am Wert aller Aufgaben, die ein Bauleiter zu erfüllen hat.

Nach der ABC-Analyse ergibt sich ein „schiefes Bild“, wie die Darstellung auf der Folgeseite ausweist.

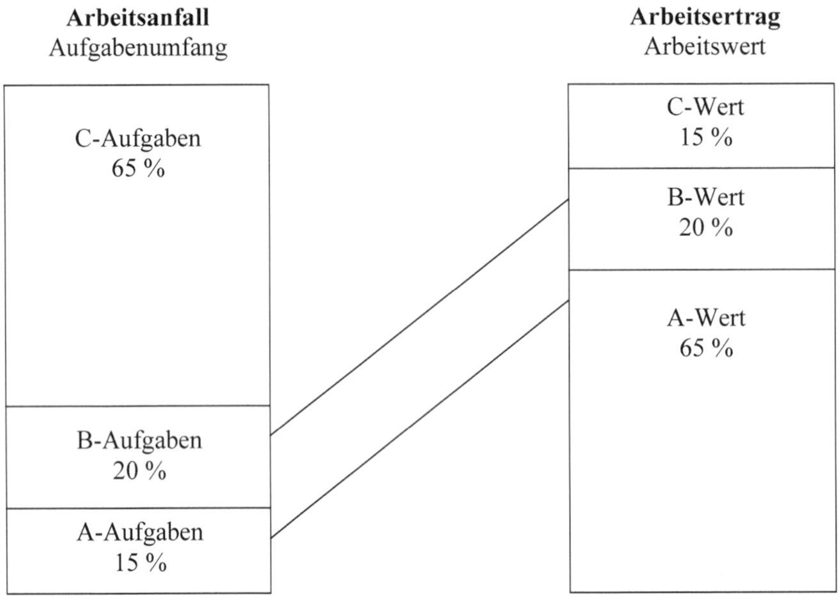


Prüfen Sie mit der ABC-Analyse, ob die angesetzten Zeitvorgaben in Ihrem Zeitplan auch der Bedeutung der Aufgabe entsprechen. Verfahren Sie bitte, wie auf den Folgeseiten beschrieben. Korrigieren Sie Ihr „schiefes Bild"!

Wenden Sie die ABC-Analyse an.

1. Nehmen Sie bitte Ihren Terminkalender zur Hand und listen Sie alle Aufgaben auf, die in der nächsten Woche anstehen.
2. Ordnen Sie diese Aufgaben nach Ihrer Wichtigkeit, in der Reihenfolge ihres Wertes für die Tätigkeit. Denken Sie daran, dass Dringlichkeit grundsätzlich nichts mit Wert, Wichtigkeit oder Bedeutung der betreffenden Aufgabe zu tun hat.
3. Nummerieren Sie die Aufgaben durch. Verwenden Sie bitte das Arbeitsblatt auf der Folgeseite.

| **Arbeitsblatt: Aufgaben der nächsten Woche** | | |
|---|---|---|
| Rangplatz | Aufgabe / Tätigkeit | Zeitbedarf |
| | | |

4. Bewerten Sie die Aufgaben nach dem ABC-Raster!
5. Überprüfen Sie, ausgehend von den A-Aufgaben, Ihren Zeitplan (geschätzter Zeitbedarf) danach, ob die angesetzten Zeitvorgaben auch der Bedeutung der Aufgabe entsprechen.
6. Nehmen Sie gegebenenfalls Korrekturen vor!
7. Überprüfen Sie B- und C-Aufgaben auf Delegationsmöglichkeiten

Nutzen Sie die Sammlung Ihrer Einzeltätigkeiten auch, um periodisch wiederkehrende Arbeiten zu entdecken und zu hinterfragen.

Ermitteln Sie alle täglich oder wöchentlich anfallenden, periodisch wiederkehrenden Arbeiten und stellen Sie fest, wieviel Zeit Sie dafür benötigen.

Durchdenken Sie nun jede einzelne wiederkehrende Arbeit gründlich. Stellen Sie sich provozierende Fragen:

- Ist diese Arbeit überhaupt nötig?
- Warum erledige ich diese Sache so kompliziert?
- Warum habe ich bisher nicht alle Rationalisierungsmöglichkeiten ausgeschöpft?
- Warum quäle ich mich so damit ab?
- Gibt es andere, die es viel einfacher / billiger machen können?

Legen Sie im Arbeitsblatt mindestens eine Entlastungsmaßnahme fest, sowie die SOLL-Zeit, die Sie maximal einsetzen wollen oder können:

| **Arbeitsblatt: Rationalisierung periodisch wiederkehrender Tätigkeiten** | | |
|---|---|---|
| Periodisch wiederkehrende Tätigkeit | Entlastungsmöglichkeit | SOLL-Zeit |
| | | |

## 6.2 Aufgabenordnung nach dem Eisenhower-Prinzip

Eine sehr strikte Art, Aufgaben zu ordnen und Schlüsse zu ziehen wird Eisenhower nachgesagt. Seinem Prinzip zufolge wird grundsätzlich zwischen wichtigen und dringenden Aufgaben unterschieden. Es resultieren vier Möglichkeiten:

1. wichtig und dringend
2. wichtig und nicht dringend
3. nicht wichtig und dringend
4. nicht wichtig und nicht dringend

Wer dem Eisenhower-Prinzip folgt, übernimmt nur wichtige und dringende Aufgaben selbst. Nicht dringende aber wichtige Aufgaben werden im Auge behalten und geplant. Nicht wichtige Aufgaben werden grundsätzlich nicht selbst erledigt.

Hier das Eisenhower-Prinzip im Schema:

| | **Dringend** | **Nicht dringend** |
|---|---|---|
| **Wichtig** | sofort tun! | Terminieren<br>evtl. delegieren |
| **Nicht wichtig** | delegieren! |  |

Vielleicht wäre es keine schlechte Idee, das Eisenhower-Prinzip auf Ihre Aufgabensammlung für die nächste Woche anzuwenden?

## 6.3 Tagesplanung mit der Menü-Methode

In der baubetrieblichen Praxis sind sehr gute Erfahrungen mit der Menü-Methode gemacht worden. „Menü" steht für

**M**aßnahmen sammeln
**E**ntscheidung über die Prioritäten
**N**otwendigen Zeitbedarf schätzen
**Ü**berarbeiten

Mit der Menü-Methode sichern Sie, dass Ihr Tagesplan nur das enthält, was am gleichen Tag auch erledigt werden kann. Je realistischer Sie Ihre Ziele setzen, desto stärker werden Energien mobilisiert. Sie sind eher bereit, Arbeiten zurückzustellen, die das Erreichen der Tagesziele behindern. Ausgenommen sind selbstverständlich Vorgänge höherer Priorität.

Auf der Grundlage Ihrer Tagesziele wenden Sie die Menü-Methode wie folgt an.

6.3.1 **M**aßnahmen sammeln

Reflektieren Sie Ihren Tagesplan:

Welche schriftlichen Arbeiten oder Besprechungen lassen sich schneller telefonisch erledigen?
Wieweit handelt es sich bei den Maßnahmen um
- Blitzvorgänge, die sich in fünf bis zehn Minuten erledigen lassen?
- Intensivvorgänge, die konzentriert und störungsfrei erledigt werden sollten?

Wieweit kann ich die Maßnahmen an diesem Tag bewältigen?

6.3.2 **E**ntscheidung über Prioritäten:

Nutzen Sie das Eisenhower-Prinzip, um herauszufinden, was Sie auf jeden Fall noch heute erledigen müssen (wichtig und dringend)!

Wenden Sie die ABC-Analyse an!

### 6.3.3 Notwendigen Zeitbedarf schätzen

Dabei handelt es sich um einen besonders wichtigen Teil der Methode. Fragen Sie:

Wieviel Zeit benötige ich ungefähr für die Erledigung?

Die Zeit lässt sich bei manchen Vorgängen, wie Besprechungen und komplizierten Arbeiten nicht immer genau festlegen. Dennoch lassen sich Erfahrungswerte sammeln.

Die Erledigung eines Telefonates mit Vorbereitung und anschließender Auswertung dauert etwa zehn Minuten, also sechs Gespräche pro Stunde.

Eine Vorgabezeit, z.B. bei einer Baubesprechung, zwingt förmlich zur Einhaltung, weil dann konzentrierter gearbeitet wird und Störungen massiv unterbunden werden.

Bereits nach einer Woche beginnen Sie bei der Zeitschätzung sicherer zu werden. Natürlich kann es immer wieder mal zu unerwarteten Schwierigkeiten und Überraschungen kommen. Dann muss die Planung eben neu überdacht werden. Aber ohne Planung wäre der Zeitdruck sicher schlimmer geworden.

### 6.3.4 Überarbeiten

Entscheidend ist die Zeit, welche die Aufgabe mit der höchsten Priorität an diesem Tag beansprucht. Dauert sie länger als beabsichtigt, dann müssen Aufgaben zurückgestellt oder an Mitarbeiter delegiert werden.

Pufferzeiten schaffen „Luft“.

Überlegen Sie, ob sich z.B. eine vorgesehene Besprechung zeitlich reduzieren lässt und voraussichtlich wie stark.

Die Zeitvorgabe aller Vorgänge muss auf das unbedingt notwendige, aber noch realistische Maß gekürzt werden.

# 7 Tipps zur Arbeitsökonomie

Zum Jahreswechsel 2002 veröffentlichte Klemens Polatschek in der Frankfurter Allgemeinen Sonntagszeitung unter der Rubrik „Wissenschaft" einen für unser Thema bemerkenswerten Artikel: „Die Evolution des Versagens". Im Untertitel postuliert der Autor: „Selbstmanagement ist ganz einfach, man muss nur die Kunst des Weglassens beherrschen."

Im Prinzip liegt er da ja gar nicht so falsch – auch wenn seine folgende „Handreichung" sich wohl kaum ernsthaft mit der Problematik des Selbstmanagements auseinandersetzt. Mit einem guten Schuss Ironie bietet er allen, „die wirklich Zeit sparen wollen ... einfache, aber goldene Regeln, wie ... (Sie Ihr) ... Leben von Grund auf neu und effektiv gestalten können."

Augenzwinkernd schlägt er seinen Lesern z.B. vor, sich mit Großpackungen farbiger Klebenotizen, sogenannten „Post-its" einzudecken, Telefonnummern ohne Anrufernamen und sonstige Einfälle jeglicher Art darauf zu kritzeln und diese Zettel überall am eigenen Arbeitsplatz oder auch andernorts anzubringen. „Je weniger Zettel Sie nach diesem System wiederfinden, desto mehr Zeit bleibt Ihnen für die eigentliche Arbeit. Wichtige Aufgaben kommen ohnehin von selbst wieder. Knapp die Hälfte aller Probleme erledigt sich so von selbst" – so Klemens Polatschek in seiner satirischen Betrachtung.

Zielsetzungstechniken, Methoden der Zeitplanung und der Selbstorganisation – der Autor lässt nichts aus, um es in seinen sieben goldenen Regeln „auf die Schippe" zu nehmen. Lassen wir die wirklich lesenswerten humorvollen Überzeichnungen zu den einzelnen Regeln einmal außen vor – mit einem trifft der Autor voll ins Schwarze, wenn er am Ende seines Artikels den „Chefs" einen Tipp gibt:

„Der Alltag will immer vergessen machen, dass das Handeln sich vom Denken ableitet – das nicht Sitzen und Quasseln die Welt verändern. Gerade wenn Sie Chef (= Bauleiter) sind, müssen Sie das wiederentdecken."

Sie werden mit den Tipps in diesem Kapitel zwar nicht unbedingt die „Welt verändern", aber Sie können mit ihnen Ihre Arbeit ökonomischer gestalten. Sieben Hinweise werden ausführlich thematisiert:

1. Erst denken und überlegen – dann handeln!
2. Setzen Sie Ihre unbewussten Kräfte ein!
3. Nutzen Sie Ihre Phantasie!
4. Beachten Sie Ihre innere Uhr!
5. Entspannen Sie sich bei starker Anspannung!
6. Erleben Sie Ihre Arbeit positiv!
7. Benutzen Sie ein Zeitplanbuch!

Die Tipps zur Arbeitsökonomie liefern Ihnen Denkanstösse, um

- eigene Fähigkeiten gezielt einzusetzen
- optimale Arbeitsergebnisse zu erwirken
- Zeit und Kraft zu sparen
- Eigenmotivation zu stärken
- Mittel und Möglichkeiten zu maximieren
- Erfolg und Leistung zu optimieren

## 7.1 Erst denken und überlegen – dann handeln!

Wer als Bauleiter den Grundsatz „Erst denken und überlegen – dann handeln!" beherzigt, darf die Devise „Aufgaben sofort angehen" keinesfalls aus den Augen verlieren. Gerade im Baubetrieb, wo Improvisation und Flexibilität tagtäglich gefordert werden, ist spontanes, intuitives Handeln häufig unumgänglich. Methodische und unmethodische, oft sogar unorthodoxe Arbeitsweisen sollten sich idealerweise ergänzen, wobei jeweils von der konkreten Aufgabenstellung ausgegangen werden muss.

Methodisch Vorgehen heißt nicht nach Schema „F" handeln, sondern schafft Voraussetzungen für überlegtes Handeln für benennbare, fest umrissene, meist häufig wiederkehrende Arbeiten im baubetrieblichen Alltag. Das Flussdiagramm auf der Folgeseite verdeutlicht die Vorgehensweise.

**Denken vor der Arbeit**

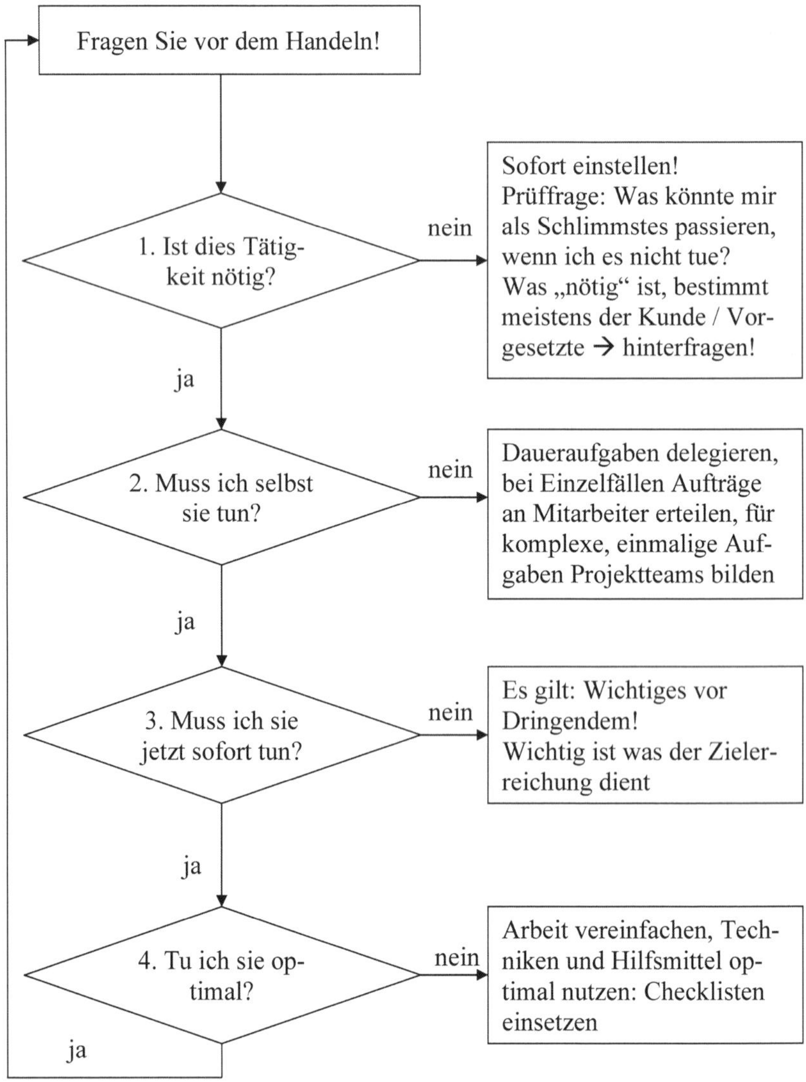

Im letzten Kasten des Flussdiagramms wird Ihnen empfohlen, Techniken und Hilfsmittel einzusetzen, um Ihre Arbeit zu vereinfachen. Als eine mögliche Technik stelle ich Ihnen unter Punkt 7.1.1. die „Schnellplanung in systematischen Schritten" vor. Hilfsmittel zur Arbeitsrationalisierung sind Checklisten und Vordrucke. Wie Sie derartige Hilfsmittel optimal einsetzen, erfahren Sie unter Punkt 7.1.2.

### 7.1.1. Schnellplanung in systematischen Schritten

Um auch unter starkem Zeitdruck überlegt zu handeln und sich nicht nur ausschließlich auf Ihre Intuition zu verlassen, sollten Sie sich stets Zeit für Kurzüberlegungen nehmen. Die Leitfragen der „Schnellplanung in systematischen Schritten" schützen Sie vor blindem Aktionismus:

1. Was will ich erreichen?
2. Werden besondere Materialien / Werkzeuge / Maschinen benötigt?
3. Was gibt es Besonderes in dieser Situation?
4. Wie kann ich vorgehen?
5. Was will ich vermeiden?
6. Wann ist der beste Zeitpunkt?
7. Was muss ich jetzt tun?

### 7.1.2. Arbeitsrationalisierung durch Checklisten und Vordrucke

Durch Checklisten gewinnen Sie nicht nur Zeit, indem Sie Ihre wiederkehrenden Arbeiten rationalisieren – Sie haben noch zwei weitere Vorteile:

1. Routinevorgänge müssen nicht immer wieder neu durchdacht werden.
2. Es entfällt die Furcht etwas vergessen zu haben: Checklisten bieten ein Maximum an Sicherheit bei geringem Kontrollaufwand.

Entwickeln Sie Ihre eigenen Checklisten, z.B. für Baustellenbesuche, zur Reisevorbereitung, zur Vorbereitung von Gesprächen und Besprechungen, kurz für alles was sich wiederholt und ähnlich erledigt wird. Ein Beispiel für eine Checkliste finden Sie auf der Folgeseite.

| **Checkliste: Besprechungen** | **Ja** | **Nein** |
|---|---|---|
| 1. Habe ich den Besprechungstermin mit den wichtigsten Teilnehmern abgestimmt? | | |
| 2. Habe ich alle Teilnehmer schriftlich eingeladen? | | |
| 3. Wurde die Einladung schriftlich bestätigt? | | |
| 4. Ist die Einladung komplett?<br><br>➢ Ort, Datum?<br>➢ Exakter Beginn?<br>➢ Exaktes Ende?<br>➢ Thema / Tagesordnung? (ohne „Verschiedenes“)<br>➢ Name des Leiters<br>➢ Namen der Teilnehmer?<br>➢ Aufstellung, welche Vorarbeiten / Unterlagen jeder Teilnehmer mitbringen muss? | | |
| 5. Habe ich den Besprechungsraum überprüft?<br><br>➢ Ist der Raum groß genug?<br>➢ Sind genügend Tische und Stühle vorhanden?<br>➢ Funktioniert Licht / Heizung / Belüftung?<br>➢ Funktionieren alle technischen Hilfsmittel?<br>➢ Beeinträchtigen keine Störungen von außen den Ablauf? | | |
| 6. Habe ich mich als Leiter gut vorbereitet?<br><br>➢ Was soll mit der Besprechung erreicht werden? (schriftlich, in einem Satz fixieren)<br>➢ Spreche ich so, dass mich alle Teilnehmer verstehen?<br>➢ Wurde die Redezeit der Teilnehmer begrenzt?<br>➢ Wurde die Aufmerksamkeit der Teilnehmer berücksichtigt? (Pause nach spätestens 90 Minuten)<br>➢ Ist geklärt, wer Protokoll führt? | | |
| 7. Nach der Besprechung:<br><br>➢ Wurde das Ziel erreicht?<br>➢ Was ist noch zu tun?<br>➢ Wer muss was tun?<br>➢ Wer kontrolliert? | | |

Das Grundgerüst für eine Checkliste können Sie sich – natürlich – mit einer Checkliste erarbeiten:

Arbeit oder Tätigkeit auswählen
- die sich wiederholt
- die ähnlich erledigt wird

Teilarbeiten notieren
- Was muss alles getan werden?
- Was muss alles beachtet werden?
- Wer muss ggf. gefragt oder kontaktiert werden?
- Wer ist zu informieren?

Logische Reihenfolge zusammenstellen
- Was hängt voneinander ab?
- Welche zeitlichen Bedingungen sind einzuhalten?
- Was baut sachlogisch aufeinander auf?
- Wo werden Zwischenergebnisse gebraucht?

Gruppenbildung vornehmen
- Welche Tätigkeiten wiederholen sich?
- Wo gibt es logische Zwischenstopps?
- Wo werden gleiche Hilfsmittel gebraucht?

Mit dem Grundgerüst sichern Sie die Vollständigkeit Ihrer Checkliste. Spätestens dann, wenn alle Mitarbeiter in Ihrem Bauunternehmen Ihre Formulare verwenden sollen, sollten Sie über das Abfassen von vorstrukturierten Texten nachdenken. Die folgenden Leitfragen unterstützen Sie nicht nur bei Ihren Bemühungen verständliche und einfach handhabbare Checklisten zu formulieren, sondern zeigen darüber hinaus, wie Sie gute, zeitsparende Vordrucke erstellen:

- Wie häufig wird die Checkliste / der Vordruck wahrscheinlich innerhalb des Jahres verwandt? (Kleinste Auflage bei Vordrucken: mindestens 100 Stück)
- Werden sich keine zu häufigen Zusätze während des Gebrauches ergeben?
- Sind alternative Lösungen überall untergebracht, wo sie notwendig sein könnte? (Einfachster Fall: Herr / Frau)
- Ist der Text so stark wie möglich verkürzt? Bleibt er dennoch klar und unmissverständlich?
- Bleibt der Inhalt übersichtlich, das Schriftbild groß genug?
- Ist der Stil freundlich genug oder befehlend, bzw. unpersönlich?

- Handelt es sich um modernen Briefstil mit vielen Tätigkeitswörtern und wenig Hauptwortkonstruktionen, Partizipien und Adjektiven, wenn das Formular vollständige Sätze umfasst?
- Ist weitgehend auf Fach- oder Fremdwörter verzichtet worden, die nicht alle Ausfüller oder Empfänger verstehen werden?
- Muss ein neues Formular verfasst werden oder hätte die Umarbeitung, bzw. Ergänzung eines bereits verwandten Formblattes ausgereicht?
- Ist für einzutragende Texte genügend freier Raum gelassen worden?

Probleme bei der Arbeit mit Checklisten und Vordrucken ergeben sich, wenn

- die Zweckmäßigkeit des Formulars nicht ausreichend überdacht wurde. So geschieht immer wieder, dass Vordrucke eine von der Sache her nicht mehr zu verantwortende Lebensdauer haben. Sie werden schlicht und ergreifend einfach übernommen, ohne dass nachgedacht wird, ob das Ausfüllen dieses Formulars noch Sinn macht. Hinterfragen Sie deshalb, ob ältere Formulare noch zeitgemäß Ihren Ansprüchen genügen!
- zu viel frei zu formulierender Text einzutragen ist. In diesem Fall muss das Formblatt möglichst schnell ergänzt werden. Klären Sie vorher, wer die Checkliste zu welchem Zweck braucht!
- der Ausfüllende zu viel Denkarbeit beim Umgang mit der Checkliste leisten muss. Prüfen Sie deshalb, wie schwierig die Fragen von Sprache, Inhalt oder Struktur her abgefasst sind!
- der Sprachstil nicht dem heutigen Sprachempfinden und der Einstellung moderner Menschen zueinander entspricht. Z.B. werden Mahnformulare heute deutlich höflicher verfasst als früher.
- der Text viel zu lang ist, weil mehr gefragt wird als unbedingt notwendig. Das Ausfüllen von Formularen verärgert grundsätzlich, massive Verärgerung wird ausgelöst, wenn man sich gänzlich unnötig von „wichtiger" Arbeit abgehalten fühlt.
- dem Ausfüller unklar ist, wozu die Antworten benötigt werden. Ein freundlicher und überzeugender Text sollte motivieren. Formulieren Sie also höflich, kurz aber präzise, verständlich und nachvollziehbar!

Checklisten und Vordrucke zu erstellen kostet natürlich anfänglich Zeit. Daher scheut sich mancher Bauleiter vor dieser „Mehrarbeit". Aus der A-B-C-Analyse (vgl. Punkt 6.1.) geht jedoch eindeutig hervor, dass gerade der Aufwand für wiederkehrende Tätigkeiten einen großen Anteil der Gesamtarbeitszeit blockiert. Entwickeln Sie daher Checklisten und Formulare – auf mittlere und lange Sicht werden Sie Zeit gewinnen!

## 7.2 Setzen Sie Ihre unbewussten Kräfte ein!

Während eines Geschäftsessens sprachen ein Bauunternehmer und ich über unseren gemeinsamen Ausgleichssport: Jogging. Im Zusammenhang damit berichtete mein Gesprächspartner über ein auch mir bekanntes, bemerkenswertes Phänomen:

Letztlich hatte er sehr lange, angestrengt bis verzweifelt über die Lösung eines kniffligen Problems im Zusammenhang mit einem neuen Bauvorhaben nachgedacht. Je länger er grübelte, umso weniger kam er voran. Getreu dem Motto „Kommt Zeit – kommt Rat!" gab er fürs erste ergebnislos auf. Zu Hause angekommen, wollte er sich seinen Frust von der Seele laufen und begann seine gewohnte Strecke zu joggen. Nach dem ersten Drittel hatte er das Gefühl, langsam abzuschalten, ab dem zweiten Drittel lief er nur noch. Am Ende des letzten Drittels hatte er plötzlich klar vor Augen, wie er das Problem lösen könnte – und das, ohne sich zu dem Zeitpunkt auch nur mit einem Gedanken zielgerichtet mit dem Problem beschäftigt zu haben!

Das Erlebnis unseres Bauunternehmers zeigt – auf den Punkt gebracht:

*Alle gestellten Probleme beschäftigen auch das Unbewusste!*

Unbewusste Kräfte arbeiten weiter an unseren Problemen während wir zwischenzeitlich schon etwas ganz anderes tun. Ob wir joggen, Auto fahren, Geschirr abwaschen – was auch immer – scheinbar aus dem „Nichts" wird uns klar, was im Hinblick auf eine bestimmte Problemstellung wie zu tun ist, ohne dass wir uns zu dem Zeitpunkt konkret damit beschäftigt haben.

Sie müssen nicht darauf warten, dass Ihre unbewussten Kräfte Ihnen zufällig irgendwann irgendetwas mitteilen – Sie können Ihre unbewussten Kräfte gezielt für sich arbeiten lassen.

Der Schlüssel zum Erfolg liegt im „Prinzip der Schriftlichkeit". Schriftliche Vereinbarungen haben einen höheren Stellenwert als mündliche! Dies gilt auch für Fixierungen, die „nur" Sie selbst betreffen.

*Mobilisieren Sie durch bewusste schriftliche Fixierung Ihre unbewussten Kräfte*

z.B. am Vorabend, vor einer Sitzung, einem wichtigen Gespräch und generell bei langfristigen Zielen und Aufgaben.

## 7.3 Nutzen Sie Ihre Phantasie

Die Situation dürfte so oder so ähnlich jedem vertraut sein: „Johannes – bringst Du bitte den Müll nach draußen?“ Egal – ob Sie in die Rolle des Bittstellers oder in die Rolle des zwölfjährigen Sohnes schlüpfen – die Antwort ist voraussagbar: „Warum ich? – Wieso immer ich? – Das ist nicht mein Job! – Die Martha kann das genau so gut!“

Bevor unsere Kids irgendetwas in die Hand nehmen, fragen sie:

- Warum ist das so?
- Muss das so sein?
- Wie könnte es anders sein?

Viele Bauleiter haben die Fähigkeit, Ihr Tun kreativ zu hinterfragen und Ihre Phantasie einzusetzen durch jahrelange, selbstverständliche, schematische tägliche Routine verloren. Andererseits – jeder Mensch ist grundsätzlich phantasiebegabt und kreativ. Nehmen Sie sich ein Beispiel an unseren Kids – seien Sie kreativ und entwickeln Sie Ihren eigenen Fragebogen, um phantasievoll Ihren Arbeitsalltag zu hinterfragen.

Stellen sie sich vor, Sie erhielten den Auftrag, in vierzehn Tagen ein Interview mit sich selbst über Ihren Arbeitsalltag zu führen. Bestimmen Sie den Inhalt, wie weit Sie ins Detail gehen wollen und wie „intim“ Ihre Fragen zu privaten und beruflichen Aspekten sein sollen!

Halten Sie jede Frage schriftlich auf einer besonderen Karte fest! Es gilt: je mehr – umso besser! Ordnen Sie anschließend alle Karten! Mögliche Themenfelder: Beruf, Familie, Sport, Religion, Gesundheit usw. Fassen sie das Ergebnis Ihrer Überlegungen in einem Fragebogen zusammen!

Beantworten Sie Ihren Fragebogen erst vierzehn Tage später. Zwischenzeitliche Einfälle halten Sie schriftlich fest! Zur schriftlichen Beantwortung Ihrer Fragen sollten Sie sich ausreichend Zeit nehmen. Seien Sie ehrlich zu sich selbst!

Lassen Sie den Fragebogen ein, zwei Tage liegen. Überprüfen sie dann, ob alle Fragen tatsächlich ehrlich beantwortet wurden und lassen Sie diese auf sich wirken.

Reflektieren Sie Ihr Selbstinterview, indem Sie fragen:

- Musste ich irgendwelche Kompromisse eingehen, als ich die Fragen beantwortete?
- Zweifelte ich am Sinn der einen oder anderen Antwort?
- Was möchte ich künftig ändern?
- Wo muss ich neue Perspektiven entwickeln?
- Welche neuen Ziele muss ich mir setzen?
- Welche Prioritäten muss ich verändern?
- Welche Schlussfolgerungen ergeben sich für mein Zeitmanagement?

Bewahren Sie Ihr Selbstinterview auf! Notieren Sie in Ihrem Zeitplanbuch einen Termin mindestens ein halbes Jahr später, an dem Sie sich ihren Fragebogen erneut vorlegen. Analysieren Sie selbstkritisch, wo Sie jetzt stehen und was sich zwischenzeitlich getan hat. Sollte sich nichts verändert haben, fragen Sie:

- Warum?
- Muss das wirklich so sein?
- Wie könnte es anders sein?

Erkennen Sie die Fragen wieder?

## 7.4 Beachten Sie Ihre innere Uhr!

Spielen wir doch einmal „Mäuschen" morgens im Bauwagen. Dirk ist schon da, als Christian mit einem „Tach" unvermittelt in der Tür steht. Klar, dass er was zu erzählen hat, Spruch folgt auf Spruch als die Tür erneut aufgeht – Andy schleppt sich rein, wortlos nickt er den beiden zu. Obwohl er mit Christian schon manchen Bau hochgezogen hat – dieses Geplapper am Morgen nervt ihn.

Was sich dort allmorgendlich im Bauwagen abspielt weist auf die Existenz von „Biorhythmen" hin. Manche Rhythmen sind kurz, können in Minuten oder Stunden gemessen werden, andere dauern Tage, Wochen, Monate oder unterliegen einem jahreszeitlichen Zyklus. So erreicht bei den meisten die Körpertemperatur am Abend Ihren Höhepunkt – ein physikalisch messbarer Hinweis auf einen täglichen Rhythmus.

Wer seine „innere Uhr“ kennt, hat die Möglichkeit, sein Leben so zu gestalten, dass er *mit* seinen natürlichen Rhythmen arbeitet statt gegen sie. Berücksichtigen Sie deshalb die Schwankungen Ihrer persönlichen Leistungsbereitschaft, wenn Sie sich Ihre Arbeit einteilen. Fragen Sie sich:

- Wann kann ich was am besten?
- Welche Tätigkeiten fallen mir zu welchen Zeitpunkten schwer?
- Zu welchen Tageszeiten habe ich das Gefühl, besonders leistungsstark zu sein?

Wie sich die Leistungsbereitschaft im Allgemeinen im Tagesverlauf darstellt, lässt sich der Kurve entnehmen:

Als Faustregel gilt:

Nehmen Sie Arbeiten, die Sie besonders stark fordern dann in Angriff, wenn Sie sich im Leistungshoch befinden. Arbeiten, die Ihnen leichter fallen, gehören ins „Mittagsloch“.

Möglicherweise entdecken Sie bei der Beantwortung der oben gestellten Fragen jedoch, dass sich Ihre Leistungsschwankungen anders verteilen. Dies liegt dann daran, dass Sie wie entweder wie Christian in unserer Geschichte ein Morgentyp oder aber wie Andy ein Abendtyp sind.

Von vielen Bauleitern weiß ich, dass Ihr Arbeitstag gegen 7 Uhr beginnt und zwischen 19 und 20 Uhr endet. Die Abbildung zeigt den unterschiedlichen Verlauf der Leistungskurve bei Morgen und Abendtypen in dieser Zeitspanne:

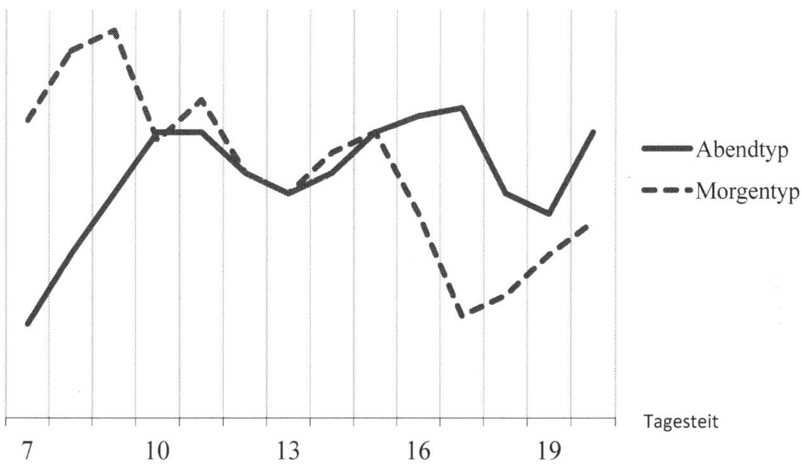


Der Morgentyp denkt und handelt gemäß der Devise „Der frühe Vogel fängt den Wurm“ und erreicht zügig gegen 8 Uhr sein Leistungshoch. Nach einem Wachheitsknick steigt seine Leistungskurve erneut gegen 11 Uhr, um dann zu Mittag erneut abzufallen. Nach dem Mittagsloch steigt seine Kurve wieder leicht an. Um ca. 17 Uhr geht es dann rapide bergab. Er rappelt sich gegen Abend zwar wieder auf, baut ab 19 Uhr jedoch mehr und mehr ab. In der Abendzeit ist für den Frühaufsteher Vorsicht angesagt, denn „Vögel, die am Morgen singen, holt am Abend die Katze.“

Die Leistungshochs des Abendtyps liegen zwischen 11 und 12, gegen 16 und zwischen 21 und 23 Uhr. Sein Wahlspruch lautet: „Wer morgens zerknittert aufwacht, hat tagsüber viel Zeit, sich zu entfalten.“ Abendtypen haben häufig Schwierigkeiten, frühe Termine rechtzeitig wahrzunehmen. Für sie gilt dann: „Wer nicht kommt zur rechten Zeit, der muss sehen was dann übrig bleibt.“

Unabhängig davon ob Sie nun Morgen- oder Abendtyp sind – als Fazit aus diesen Überlegungen sollten Sie Ihre „starken“ Zeiten für wichtige und schwierige Arbeiten vorsehen. Sie verschwenden Energie, wenn Sie beispielsweise als

Morgentyp den Tag damit beginnen, die Post zu bearbeiten. Und das möglicherweise nur, weil das in Ihrer Firma immer so gemacht wurde.

Entdecken Sie Ihren täglichen Rhythmus! Schaffen Sie sich genau dann Freiräume, wenn Sie sich im Leistungshoch befinden. Sichern Sie, dass Sie Ihre wichtigen Arbeiten mit maximaler Energie bewältigen.

Wenn Sie herausgefunden haben, wie sich Ihre Leistungshöhen und -tiefen über den Tag verteilen, und sich zu diesen Zeiten „stille Stunden" eingerichtet haben, haben Sie den wichtigen ersten Schritt getan. Im zweiten Schritt geht es darum, zu den entdeckten Zeitpunkten genau die wichtigen Aufgaben zu erledigen, die von ihren Anforderungen her, Ihnen zu dieser Tageszeit besonders leicht fallen.

Für die baubetriebliche Praxis lassen sich hierzu nützliche Tipps aus den Ergebnissen einer noch jungen Wissenschaft, der Chronobiologie ableiten. Chronobiologen beschäftigen sich mit den Strukturen unseres Gehirns, die unsere „innere Uhr" steuern und mit ihr lebensbestimmende Rhythmen in Gang setzen und halten, wie z.B. den Schlaf-Wach-Rhythmus. Einige Ergebnisse sind besonders bedeutsam, wenn wir unser berufliches Handeln arbeitsökonomisch gestalten möchten:

Unser Kurzzeitgedächtnis ist am Morgen um 15 % leistungsfähiger als zu anderen Tageszeiten. Wenn es also darum geht Wörter und Zahlen im Kopf zu jonglieren, sind die Leistungshochs in der erste Tageshälfte vom Zeitpunkt her genau richtig. Ihre Budgetplanung, die Erarbeitung komplexer Angebote oder ein Kassensturz gehen Ihnen dann leichter von der Hand. Auch lohnt es sich, wenn Sie Ihre Notizen unmittelbar vor morgendlichen Sitzungen kurz überfliegen und rekapitulieren. Wichtige Fakten lassen sich dann schnell und sicher in der Besprechung aus dem Gedächtnis abrufen.

Große geistige Anstrengungen wie die Konstruktion eines Bauwerkes oder das Schreiben eines umfangreichen Berichts lassen sich ebenfalls am besten zu den Leistungshochs in der ersten Tageshälfte bewältigen. Dies gilt auch für Problemlösekonferenzen, wo Kreativität und produktives Denken gefordert sind.

Möchten Sie etwas so lernen, dass Sie sich noch nach Tagen, Wochen oder Monaten daran erinnern? Dann liegen Sie zu Ihren Leistungshochs in der zweiten Tageshälfte genau richtig. Unser Langzeitgedächtnis arbeitet dann deutlich besser. Ihre nächste Präsentation bei einem Kunden, Ihre Rede auf der bevorstehenden Betriebsversammlung oder zum Jubiläum des verdienstvollen Poliers sollten

Sie deshalb am Nachmittag einstudieren. Ihren Spickzettel können Sie dann zwar zur Sicherheit noch mitnehmen, aber Sie werden ihn wohl kaum noch brauchen.

Einfache, unkomplizierte Tätigkeiten, die Ihr Gedächtnis nicht sonderlich belasten wie Ablegen, Sortieren, Post durchsehen u.s.w. gehören in die Leistungstiefs.

Wenn Sie Ihren Mitarbeitern zeigen möchten, dass Sie als Bauleiter auch noch etwas anderes gelernt haben, als Bleistifte zu spitzen – nehmen Sie die Kelle am besten in den späten Nachmittagsstunden in die Hand. Dann erreicht nämlich unsere manuelle Geschicklichkeit ihren Höhepunkt. Ihre Gesamtkoordination stimmt zu Ihrem Leistungshoch in der zweiten Tageshälfte.

Was Ihren Ausgleichssport angeht – Ausdauersportarten und Konditionstraining fallen am Abend leichter, wenn die Körpertemperatur am höchsten ist. Kein Wunder, dass Spitzensportler immer wieder mit den Organisatoren von Großveranstaltungen über den richtigen Zeitpunkt für Ihre Wettkämpfe streiten – die einen wollen Bestleistungen, die anderen publikumswirksame Sendezeiten ...

Legen Sie den Termin für ein Geschäftsessen in den frühen Abend. Unsere Sinne sind dann am besten ausgebildet – und (nicht nur) Ihrem Geschäftspartner soll es ja richtig gut gehen.

Chronobiologen haben neben den täglichen Schwankungen, den sogenannten zirkadianen Rhythmen (lat.: dies – der Tag) auch „ultradiane“ Rhythmen untersucht. Ultradiane Rhythmen ereignen sich im Tagesverlauf und dauern weniger als 20 Stunden, wie z.B. unser Herzschlag. Besonders bedeutsam für die Bewältigung der tagtäglichen beruflichen Hektik sind neunzigminütige Schwankungen, die unser Energiemaß und unseren Aufmerksamkeitsgrad betreffen.

So lassen sich im Schlaf alle neunzig Minuten sogenannte R.E.M.-Phasen beobachten (R.E.M.: Rapid Eye Movements = schnelle Augenbewegungen). Genau dann träumen wir. Diese neunzigminütigen Rhythmen gehen tagsüber weiter. Vielleicht war Ihr Tagtraum bei der letzten Baubesprechung das Ergebnis eines solchen Rhythmus.

Als Seminarleiter ist mir der 90-Minuten-Takt sehr geläufig. Die Raucher rutschen spätestens nach 90 Minuten unruhig hin und her. Sie brauchen Ihre „Zigarettenpause“, die sie dann auch einfordern. Auch bei ihren nichtrauchenden Kollegen nimmt nach 90 Minuten nicht nur die Aufmerksamkeit deutlich ab, auch die Konzentration vermindert sich zusehends. Deswegen sollten bei langen Besprechungen oder Schulungen stets nach 90 Minuten Kurzpausen eingeplant werden.

Auf Baustellen lässt sich ein ähnliches Phänomen beobachten. Maurer, die rauchen, legen für ein „Zigarettchen" ihre Kelle aus der Hand. Sie nehmen sich für eine Zigarettenlänge eine Auszeit, in der sie über ihr Werk schauen, hier und da eine Minimalkorrektur vornehmen. Ihre nichtrauchenden Kollegen betrachten derweil ebenfalls das Geleistete noch einmal, wechseln für einen kurzen Moment Ihren Standort, rücken hier und da etwas zurecht, oder stellen sich für einen kurzen „Schnack" zu den Rauchern. Danach geht's zügig weiter. Es war einfach wichtig, mal für eine kleine Weile abzuschalten.

Was Sie dort beobachten können, sollten auch Sie praktizieren. Nur – lassen Sie die Zigarette besser weg! Nutzen Sie Ihr Wissen um die neunzigminütigen ultradianen Rhythmen, um zum richtigen Zeitpunkt kurz von Ihrer Arbeit geistig auszuspannen. Wie Ihnen das selbst bei starker Anspannung gelingt, erfahren sie im nächsten Kapitel!

## 7.5 Entspannen Sie sich bei starker Anspannung!

Ungefähr so klingt es, wenn Bauleiter klagen: „Mein Tag ist mit so vielen Dingen vollgestopft. Wir sind einfach zu wenige. Täglich kommen neue Anforderungen auf uns zu. Man kann förmlich dabei zusehen, wie die Arbeit wächst."

Obwohl jedem Betroffenen klar ist, dass er wohl kaum auf Dauer solchem Druck gewachsen ist, scheut er davor zurück, sich selbst etwas Gutes zu tun. Statt immer wieder einmal kurz von der Arbeit abzuschalten, steigert er sich in hektische Betriebsamkeit. Unerledigte Arbeiten werden mit nach Hause genommen, eingesparte Zeit wird für zusätzliche Aufgaben eingesetzt – ein Teufelskreis entsteht, indem die Arbeit immer mehr zum Selbstzweck wird.

Wer in diesem Teufelskreis gefangen ist, hat natürlich Schwierigkeiten damit, sich selbst ein wenig Zeit zum Entspannen zu gönnen. Nicht selten wird so argumentiert: „Gut, ich sehe ja ein – Entspannen von der Arbeit ist wichtig, nur – dafür habe ich bei dem Stress nun wirklich keine Zeit."

Pausen werden als überflüssig empfunden, oft genug sogar als Schwäche gesehen. Es offenbart sich ein inneres Gebot, das verhindert, dass sich kurze Verschnaufpausen gegönnt werden: „Sei immer stark".

Dieses innere Gebot gilt es zumindest selbstkritisch zu hinterfragen. Erst dann macht es überhaupt Sinn, sich damit zu beschäftigen, wie man erfolgreich immer wieder einmal kurz von der Arbeit abschalten und entspannen kann, um neue Kraft für das weitere Arbeiten zu schöpfen.

Prüfen Sie daher mit dem Fragebogen, ob und wie stark Sie Ihr Handeln nach dem inneren Gebot „Sei immer stark" ausrichten.

**Fragebogen: Handle ich nach dem Gebot „Sei immer stark"?**

| Aussage | trifft ... zu | | | | |
|---|---|---|---|---|---|
| | voll | meist | teils | selten | nicht |
| Meine Schwächen verberge ich, wo es geht. | 5 | 4 | 3 | 2 | 1 |
| Meine Gefühle zu identifizieren und zu beschreiben, macht mir Mühe. | 5 | 4 | 3 | 2 | 1 |
| Meine Schale scheint hart zu sein, doch mein Kern ist weich. | 5 | 4 | 3 | 2 | 1 |
| Ich kann schlecht um Hilfe bitten. | 5 | 4 | 3 | 2 | 1 |
| Im Umgang mit anderen achte ich auf Distanz. | 5 | 4 | 3 | 2 | 1 |
| Gefühle haben im Beruf nichts zu suchen. | 5 | 4 | 3 | 2 | 1 |
| Ich bin hart zu mir und anderen. | 5 | 4 | 3 | 2 | 1 |
| So schnell kann mich nichts erschüttern. | 5 | 4 | 3 | 2 | 1 |
| An einmal getroffenen Entscheidungen halte ich eisern fest. | 5 | 4 | 3 | 2 | 1 |
| Ich schaffe gern „vollendete" Tatsachen. | 5 | 4 | 3 | 2 | 1 |

Jeder Einschätzung ist eine Punktzahl zugeordnet.
Addieren Sie die Werte zu Ihrer Gesamtpunktzahl

**Auflösung**

Weniger als 17 Punkte:

Sie laufen keine Gefahr, sich unnötig stark unter Druck zu setzen. Nutzen Sie Ihr Wissen um den neunzigminütigen ultradianen Rhythmus. Erschließen Sie durch kurze Pausen zum richtigen Zeitpunkt Ihr Kraftpotential zur erfolgreichen Aufgabenerledigung.

18 – 27 Punkte:

Sie sind hin und wieder versucht, sich selbst übermäßig stark beweisen zu wollen. Mit ein wenig mehr Einsicht in die Notwendigkeit, wird es Ihnen jedoch gelingen, neue Energie aus kurzen Verschnaufpausen zum chronobiologisch richtigen Zeitpunkt im Tagesverlauf zu gewinnen.

Über 28 Punkte:

Sie sollten Ihre Einstellung dringend überdenken. Ihre Neigung sich selbst übermäßig unter Druck zu setzen, ist sehr stark ausgeprägt. Sie sollten stärker auf sich achten. Erlauben Sie sich Verschnaufpausen, in denen Sie neue Kraft für Ihr weiteres Wirken schöpfen.

Wie auch immer Ihr Ergebnis ausgefallen ist – wenn Sie sich dafür entscheiden, selbst unter großer beruflicher Anspannung immer wieder einmal eine Pause einzulegen, hilft Ihnen die folgende Übung, inneren Stress abzubauen und sich zu entspannen. Sie benötigen nichts weiter als ein wenig Phantasie. Es geht vor allem darum „so zu tun, als ob“

In einer anstrengenden Situation schauen Sie sich kurz um. Suchen Sie sich einen etwas erhöhten Standort, von dem aus Sie sich selbst gut sehen könnten. Tun Sie nun so, als ob Sie sich von dieser erhöhten Position aus wahrnehmen könnten. Von dort oben können Sie sich nur sehen und hören. Unten am Arbeitsplatz haben Sie alle Sinne zur Verfügung.

Versuchen Sie diesen Schritt konzentriert so lange, bis es Ihnen gelingt, sich selbst innerlich aus der distanzierten Position klar vor Augen zu haben und deutlich alles zu hören, was um Sie herum geschieht. Den besten Zeitpunkt für diesen ersten Schritt bestimmt Ihr neunzigminütiger ultradianer Rhythmus, wenn Ihre Aufmerksamkeit und Konzentration nachlassen und Sie ohnehin zum „Tagträumen“ neigen.

Sobald es Ihnen gelungen ist, sich in Gedanken dort oben zu positionieren, betrachten Sie aufmerksam Ihr anderes „Ich“ dort unten am Arbeitsplatz. Was genau müssten Sie dort unten wahrnehmen, um diese angespannten Situation zu meistern? Alles was Sie dort unten brauchen, um besser zurecht zu kommen, wissen Sie – es liegt in ihnen selbst!

Schicken Sie Ihre Empfehlungen an Ihr anderes Ich, welches gleichzeitig dort unten den druckvollen Anforderungen ausgesetzt ist. Erst wenn Sie sicher sind, dass alle Einfälle übermittelt wurden, verlassen Sie Ihre Position und begeben sich wieder voll in Ihr wirkliches Ich am Arbeitsplatz.

Tun Sie so, als ob Sie erst jetzt, mit einer kleinen Zeitverzögerung Ihre Ideen erhalten. Achten Sie darauf, wie sich die Empfehlungen auf Ihr inneres Erleben auswirken. Lassen Sie es zu, das innere Bilder, akustische Wahrnehmungen und Gefühle entstehen, die Ihnen den Weg weisen, besser mit der angespannten Situation zurechtzukommen.

Nehmen Sie Ihre Empfehlungen ernst und handeln Sie entsprechend. Sie werden erstaunt sein, wie sehr diese Übung dazu beiträgt, Ihren inneren Stress abzubauen.

## 7.6 Erleben Sie Ihre Arbeit positiv!

Unsere Gedanken spielen eine grundlegende Rolle für unsere Motivation, unser Selbstwertgefühl und nicht zuletzt für unsere Leistung. Mit unseren Gedanken schaffen wir uns unsere eigene persönliche Wirklichkeit, die mit der objektiven Wirklichkeit nicht unbedingt in Einklang stehen muss. Es liegt in erster Linie an uns selbst, ob wir mit Freude und Engagement bei der Arbeit sind oder sie als leer und belastend empfinden.

Unser Denken wirkt sich auf unsere Stimmung aus. Wie das geschieht, lässt sich mit einem zweistufigen Gedankenexperiment gut nachvollziehen. Nehmen Sie sich ein wenig Zeit und machen Sie mit!

In Stufe 1 unseres Experiments konzentrieren Sie sich bitte auf alles was in letzter Zeit nicht so recht geklappt, schiefgelaufen oder gar misslungen ist. Lassen Sie all die Schwierigkeiten Revue passieren, mit denen Sie zu kämpfen hatten.

Wenn Sie merken, wie sich Ihre Stimmung und damit Ihre Motivation dem Nullpunkt nähern, beginnen Sie mit Stufe 2.

Vergegenwärtigen Sie sich alles, worauf Sie stolz sein können. Besinnen Sie sich auf Ihre Erfolge, auf die schönen Seiten des Lebens. Lassen Sie innere Bilder entstehen, bei denen Sie einen Moment verweilen, bevor Sie zum nächsten wechseln. Sie werden schnell merken, wie Ihre Stimmung zusehends besser wird. Mit jedem Erfolgsbild „tanken" Sie förmlich Kraft und Lust für Ihre Arbeit.

Fassen wir das Ergebnis unseres Gedankenexperiments zusammen:

Positive Denkmuster steigern Ihre Energie, Sie gehen motivierter, zuversichtlicher und leistungsfähiger zu Werk. Negative Denkmuster blockieren Sie, vermitteln den Eindruck, dass es sich ohnehin nicht lohnt, sich weiter anzustrengen und Ihre Ziele anzustreben.

Fazit: Erleben Sie Ihre Arbeit positiv!

Lassen Sie sich nicht durch demotivierende Einstellungen zusätzlich belasten. Denn: Wer Schlimmes erwartet, bekommt es auch!

Je mehr Sie z.B. befürchten, bei einem neuen Bauprojekt unzureichend informiert zu werden, oder je mehr Sie meinen, es nicht schaffen zu können, umso wahrscheinlicher werden Sie Recht behalten. Sie verkrampfen sich, werden unsicher und versagen schließlich tatsächlich.

Wenn Sie z.B. bei einer neuen Aufgabe annehmen, dass Sie das *nie* hinkriegen, weil Ihnen *immer* die Zeit wegläuft, und Ihnen ohnehin *keiner* hilft, weil *alle* nur mit sich selbst beschäftigt sind ... sollten Sie schleunigst dieser pessimistischen „Schwarz-Weiß-Malerei" Einhalt gebieten. Verändern Sie derartige demotivierende Einstellungen, indem Sie die ihnen zugrunde liegenden Denkmuster entdecken und richtig stellen. Fragen Sie sich:

- Was sage ich zu mir selbst in Belastungssituationen?
- Welche Erwartungen oder Befürchtungen habe ich?
- Wem schreibe ich meine Probleme zu?
- Sehe ich nur die negativen Seiten?
- Verallgemeinere ich?
- Habe ich zu hohe / falsche Erwartungen

- Führe ich durch meine Befürchtungen unangenehme Situationen herbei?
- Schiebe ich meine Probleme auf die Umwelt?
- Fühle ich mich unnötig hilflos?
- Dramatisiere oder übertreibe ich?
- Wie sehen andere die gleiche Situation?
- Welche negativen Konsequenzen hat die Einstellung für mich selbst?
- Inwiefern schade ich mir mit meiner Einstellung?
- Was würde geschehen, wenn ich die alte Einstellung ändern könnte?

Mit Hilfe der Fragen kommen Sie demotivierenden Einstellungen auf die Spur, z.B.: „Das wird *nie* hinhauen, weil *niemand* sich an die Absprachen halten wird. Mein Chef wird mich früher oder später *sowieso* zurückpfeifen. Das macht er *immer*. Außerdem hat mich *keiner* auf so etwas vorbereitet. Mein Scheitern ist *unumgänglich.*“ Setzen Sie derartigen, meist hartnäckigen demotivierenden Einstellungen positive Denkmuster entgegen:

- Ich darf auch Fehler machen!
- Ich übernehme Verantwortung für mein Wohlbefinden und meinen Erfolg!
- Ich sorge dafür, dass ich meine Arbeit so frei wie möglich gestalten kann!
- Aus schwierigen Aufgaben lerne ich!
- Ich achte auf meine persönlichen Leistungsgrenzen, ich sorge für mich!
- Ich schaue vorwärts, baue meine Fähigkeiten aus!

Indem Sie negative Einstellungen auf diese Weise umstrukturieren, werden Sie motivierter zu Werke gehen. Kippen Sie durch positives Denken Ihre Stimmung: Ein halbgefülltes Glas ist nicht halb leer, sondern halb voll!

Kleine tägliche Rituale helfen Ihnen, Ihre positive Denkstruktur zu festigen.

Gönnen Sie sich Zeit vor Arbeitsbeginn, indem Sie

- gemütlich aufstehen
- in Ruhe frühstücken
- gelassen zur Arbeit fahren

Stimmen Sie sich in aller Ruhe auf den Tag ein, indem Sie

- nochmals die Tagesplanung überprüfen
- und zwar nach Wichtigkeit und Dringlichkeit

Gewinnen Sie jedem Tag etwas Positives ab, indem Sie etwas tun,

- was Ihnen Freude bereitet
- das Sie spürbar Ihren Tageszielen näher bringt
- das Ihnen Ausgleich zur Arbeit verschafft

Beenden Sie Ihre Arbeit bewusst und gewissenhaft, indem Sie

- einen ehrlichen SOLL-IST-Vergleich vornehmen
- prüfen, weshalb Sie eine Aufgabe nicht erfüllt haben
- den Plan für den nächsten Tag erstellen
- überlegen, wie Sie den Abend verbringen wollen

Kurzum: *Sorgen Sie für sich selbst und erleben Sie Ihre Arbeit positiv!*

Denn: *Wer positiv eingestellt ist, schafft mehr und handelt ökonomischer!*

## 7.7 Benutzen Sie ein Zeitplanbuch!

Viele Bauleiter besitzen Zeitplanbücher – wenige nutzen alle Möglichkeiten. Dabei liegt ein Geheimnis erfolgreichen Zeitmanagements im konsequenten, routinierten täglichen Einsatz eines Zeitplanbuches.

Zeitplanbücher besitzen drei Charakteristika. Sie enthalten

- ein Planungssystem zur Optimierung Ihrer persönlichen Effektivität. Mit ihm können Sie alle wichtigen Vorhaben, Termine und Aktivitäten zielorientiert planen.
- ein Steuerungssystem, mit dem Sie in die Lage versetzt werden, unterschiedliche Situationen sicher zu beherrschen. Es ermöglicht Ihnen jederzeit einen Überblick welche Aufgaben mit welcher Priorität noch anstehen, was zu koordinieren, zu kontrollieren und zu delegieren ist.
- ein Datenbanksystem, damit Sie jederzeit die richtigen Informationen zur Hand haben. Es garantiert Ihnen eine einfache Speicherung von allen wichtigen Daten und einen leichten Zugriff. Außerdem entlastet es Ihr Gedächtnis – Sie haben den Kopf für wichtigere Dinge frei.

In der baubetrieblichen Praxis haben sich Ringbücher im DIN-A5-Format mit Formblättern in Loseblattordnung bewährt. Die Formblätter sind selbstverständlich nach Wunsch und Bedürfnis ergänzbar.

Für Bauleiter ist ein Zeitplanbuch ein sinnvolles und umfassendes Werkzeug. Als ständiger persönlicher Begleiter ist es das schriftliche Gedächtnis, das mobile Büro und die Datenbank im Kleinformat. Ein Zeitplanbuch ist zugleich Terminkalender, Tagebuch, Notizbuch, Planungsinstrument, Erinnerungshilfe, Adressenregister, Nachschlagwerk, Ideenkartei, Arbeitsinstrument und Telefonregister.

Zeitplanbücher enthalten prinzipiell vier Hauptteile, die sich selbstverständlich weiter gliedern lassen:

1. Der Kalender: Er dient der schnellen Übersicht über Tages-, Wochen-, Monats- und Jahresplanung
2. Der Registerblock: Er ermöglicht die individuelle Aufteilung nach Projekten, Aufgabengebieten etc.
3. Die Ideen- und Infoseiten
4. Das Telefon- und Adressenverzeichnis mit viel Platz für alle wichtigen Anschriften

Während herkömmliche Terminkalender sich eher als Erinnerungshilfe für Termine und Daten einsetzen lassen, bieten Ihnen Zeitplanbücher weitergehende vielfältige Möglichkeiten.

Jederzeit lassen sich zusätzliche Blätter einheften, alte nicht mehr gebrauchte können ausgetauscht werden. Formblätter gibt es in Hülle und Fülle für jeden Zweck, so dass Sie Ihr Zeitplanbuch genau Ihren Wünschen und Bedürfnissen anpassen können.

Bei Terminabstimmungen steht Ihnen Ihr persönliches Planungs- und Steuerungsinstrument zur Verfügung. Statt nur Ihren Terminverpflichtungen nachzukommen, sind Sie in der Lage, Ihren Tagesplan aktiv zu strukturieren. Auf diese Weise erledigen Sie Ihre Aufgaben nach Wichtigkeit und Dringlichkeit und nicht mehr nur rein chronologisch.

Das Zeitplanbuch lässt sich unabhängig vom Jahreswechsel einführen. Damit entfallen alle lästigen zeitraubenden Übertragungen ins nächste Jahr. Neben dem Beginn einer Aktivität lässt sich auch deren Dauer besser planen.

Checklisten, Planungs- und Entscheidungshilfen sind immer griffbereit. Alle notwendigen Daten und Informationen stehen jederzeit zur Verfügung.

Inzwischen bieten zahlreiche Verlage Zeitplanbücher in unterschiedlicher Ausführung und Qualität an. Hier gilt einmal mehr: „Wer die Wahl hat, hat die Qual“ Eine Hilfe bei der Suche nach dem passenden Zeitplanbuch bietet Ihnen die Entscheidungsmatrix.

| Bewertung angeführten Kriterien:<br>„–“: unbefriedigend<br>„o“: OK<br>„+“: ausgezeichnet | Zeitplanbuch<br>1. | <br>2. | <br>3. | <br>4. | <br>5. | <br>6. |
|---|---|---|---|---|---|---|
| Inhalt:<br>- Kalenderteil<br>- Planungsformulare<br>- Erklärung, Anleitung<br>- Zusatzformulare, Arbeitsmittel<br>- Datenteil, Informationen<br>- Adressen- und Telefonregister<br>- Archivierungsmöglichkeiten | | | | | | |
| Form:<br>- Material und Design des Buches<br>- Seiten- und Einstecktaschen<br>- Design der Formblätter<br>- Register, Systemzugriff<br>- Zusatzausrüstungen (Taschenrechner, Lineal, Druckbleistift etc.) | | | | | | |
| Gesamteindruck:<br>- Ausstattung<br>- Handhabbarkeit<br>- Ausbaumöglichkeiten<br>- Preis- / Leistungsverhältnis | | | | | | |
| Gesamturteil: | | | | | | |

# 8 Zeitmanagementanleitung für Mitarbeiter

Jeder Bauleiter sieht sich durch seine herausgehobene Stellung im Betrieb nicht nur in der Verantwortung seine fachlichen Qualitäten leistungsstark einzubringen, er ist auch gefordert, seine Mitarbeiter erfolgreich anzuleiten und zu führen. Die Führungsaufgaben im Baubetrieb lassen sich als Kreislauf darstellen:

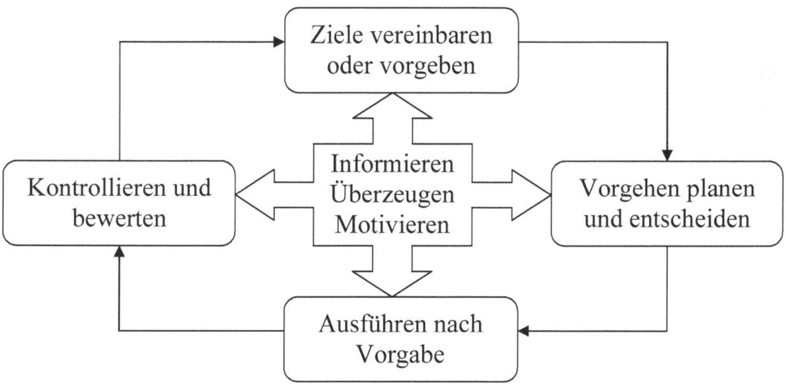


Übertragen wir den Kreislauf auf ein Beispiel aus der baubetrieblichen Praxis:

Bei einem neuen Bauprojekt vereinbaren Bauherr und Bauleiter einen Termin zur Fertigstellung. Dieser Termin wird den Mitarbeitern als *Zielvorgabe* mitgeteilt. Gemeinsam *planen* Bauleiter und Mitarbeiter, welche Zeitspannen die einzelnen Bauphasen beanspruchen sollen. Schließlich wird *entschieden*, wer mit wem, mit welchen Betriebsmitteln, welche Aufgabe wann übernehmen soll. Es folgt die *Ausführung nach Vorgabe.* An den „Meilensteinen" wird die Termineinhaltung *kontrolliert und bewertet.* Läuft das Projekt rund, kann es wie gehabt weitergehen. Ansonsten muss die Zielsetzung überdacht und neu vereinbart werden – der Führungskreislauf beginnt von vorne.

Nicht von ungefähr steht im Mittelpunkt des Kreislaufs, man könnte schon beinahe sagen, eine „Sine qua non“, eine Bedingung, ohne die nichts geht. Der Führungskreislauf läuft einfach runder, störungs- und konfliktfreier mit der Fähigkeit des Bauleiters angemessen zu *informieren*, partnerorientiert zu *überzeugen* und kooperativ zu *motivieren*. Im vertrauensvollen Miteinander ziehen Bauleiter und Mitarbeiter gut organisiert an einem Strang – und zwar in die gleiche Richtung!

Mit dem Einsatz geeigneter Führungstechniken optimieren Sie als Bauleiter nicht nur Ihr Führungshandeln. Sie gewinnen selbst auch Zeit, wenn Ihre Mitarbeiter nicht ständig Ihre Unterstützung in Anspruch nehmen. Was für Sie gilt, gilt auch für Ihre Mitarbeiter: Jeder in Ihrem Bauunternehmen sollte seine Arbeit beherrschen und nicht von ihr beherrscht werden!

Was liegt da näher, als seine Mitarbeiter zum Zeitmanagement anzuleiten? In diesem Kapitel erfahren Sie, wie Sie genau das in systematischer Form angehen!

Die Mitarbeiteranleitung zum Zeitmanagement orientiert sich am Kreislauf der Führungsaufgaben und berücksichtigt vier Schritte

1. Mitarbeiter informieren und beraten
2. Ziel vereinbaren, Maßnahmen planen
3. Zeitmanagement fördern und fordern
4. Arbeitsgeschehen erfassen, bewerten und Ziele ableiten

Voraussetzung jeglicher Mitarbeiteranleitung zum Zeitmanagement ist vor allen Dingen die eigene vorbildliche Zeitplanung und Selbstorganisation.

Denn viele Mitarbeiter im Baubetrieb sehen in Ihrem Bauleiter nicht nur Ihren Chef, sondern sie leiten Ihr Handeln von seinem Vorbild ab. Wer sich als Bauleiter seinen Arbeitstag durch Unterbrechungen zerstückeln lässt, gibt seinen Mitarbeitern das Signal, dass ihm Unterbrechungen wichtiger sind als seine Ziele geplant und strukturiert sicher zu erreichen. Kein Wunder, wenn sich Mitarbeiter dann ebenso verhalten und bereitwillig in jede denkbare Zeitfalle hineintappen.

Besonders problematisch wird das Ganze, wenn ein Bauleiter selbst zum Zeitdieb wird. Mit zu wenig Zeitbewusstsein schafft er bewusst oder unbewusst Probleme für seine Mitarbeiter. Häufig stehen Bauleiter als direkte Vorgesetzte an erster Stelle, wenn Baufachkräfte ihre Zeitverschwender auflisten. Je häufiger ein Bauleiter mit seinen Mitarbeitern zusammentrifft, umso mehr Gelegenheiten zur Zeitverschwendung bieten sich ihm. So ist denkbar, dass er

- unwichtige Dinge persönlich mal eben schnell besprechen will
- eine Vorliebe für nebensächliche Details entwickelt
- viel Zeit mit sehr genauen Kontrollen der Arbeit verbringt
- in dringenden Fällen nicht ansprechbar ist
- die Prioritäten der Mitarbeiter „Knall auf Fall" durcheinander bringt.

Drei Führungsfehler stecken hinter solchen Zeitverschwendungen. Der Bauleiter

- erteilt zu wenig klare Anweisungen. Besonders in Hektik gibt er fast immer wenig durchdachte, schlecht formulierte Anweisungen, weil er Zeit sparen will. Die „eingesparte" Zeit holt den Bauleiter am Ende wieder ein. Für die Korrektur braucht er nämlich wesentlich mehr Zeit als er gebraucht hätte, um den Mitarbeiter von vornherein klar zu unterrichten. Resultat: Der Bauleiter ist frustriert, weil die angewiesene Arbeit nicht zufriedenstellend verrichtet worden ist, der Mitarbeiter, weil seine Bemühungen umsonst waren.

- lässt seinen Mitarbeiter warten. Er meint, sein Mitarbeiter könne doch schon froh sein, wenn er sich überhaupt Zeit nähme. Je länger der Mitarbeiter warten muss, umso mehr kommt sein Zeitplan durcheinander. Handelt es sich um einen Polier, wartet letztlich der ganze Bautrupp. Nicht selten werden Besprechungen oder Mitarbeitergespräche durch Telefonate oder Besucher unterbrochen, was weitere Verzögerungen zur Folge hat.

- unterbricht die Arbeit seiner Mitarbeiter, weil er sich immer wieder genau nach dem Fortschritt der Arbeit erkundigt. Jede Unterbrechung reißt den Mitarbeiter aus seiner Konzentration. Er benötigt danach beträchtliche Zeit, um sich von neuem in seine Arbeit zu vertiefen.

Vermeiden Sie diese Kardinalfehler in Ihrem Führungsverhalten!

Erteilen Sie klare Anweisungen! Ihrem Mitarbeiter muss klar sein, was Sie von ihm erwarten, welche Verantwortung mit der Aufgabenerteilung verbunden ist, welche Befugnisse er zur Aufgabenerfüllung hat und bis wann die Arbeit fertig gestellt sein muss.

Lassen Sie ihre Mitarbeiter nicht unnötig warten! Halten Sie sich an verabredete Termine!

Gerade leistungsfähige Mitarbeiter sind sich der verschwendeten Zeit bewusst und dann verärgert. Ihre Frustration verstärkt sich, wenn sie von Ihrem Vorgesetzten zu rasch einberufenen Besprechungen zitiert werden und wieder erkennen müssen, wie gleichgültig ihrem Chef die Arbeitunterbrechung aller Besprechungsteilnehmer ist. Erwägen Sie von daher sorgfältig, ob und wann Sie Ihre Mitarbeiter zu außerordentlichen Besprechungen bitten. Unterbrechen Sie die Arbeit Ihrer Mitarbeiter nicht unnötig!

Indem Sie die Hinweise zur Vermeidung der Kardinalfehler im Führungsverhalten beherzigen, legen sie ein solides Fundament für erfolgreiche Mitarbeiteranleitungen zum Zeitmanagement.

## 8.1 Mitarbeiter informieren und beraten

Um mit dem Zeitdruck und den vielfältigen Belastungen des hektischen Baugeschäfts zurechtzukommen, benötigen viele Baufach- und Führungskräfte die tatkräftige Unterstützung Ihrer Bauleiter. Als direkte Vorgesetzte tragen diese durch sachdienliche Informationen und durchdachte Beratungsgespräche maßgeblich dazu bei, dass ihre Mitarbeiter Zeitbewusstsein entwickeln.

Wenn Sie Ihre Mitarbeiter zu erfolgreichem Zeit- und Selbstmanagement anleiten möchten, sollten Sie im ersten Schritt darüber informieren, was genau Sie eigentlich beabsichtigen. Tragen Sie dafür Sorge, dass Ihre Mitarbeiter nachvollziehen können, um was es Ihnen besonders geht. Auf diese Weise sichern Sie, dass Ihre Mitarbeiter sich wirklich engagieren, statt nur mehr oder weniger lustlos mitmachen, weil es von ihnen so verlangt wird.

Vermitteln Sie Ihren Mitarbeitern, wie wichtig es Ihnen ist, dass jeder Mann auf der Baustelle fähig sein sollte:

- Wesentliches von Unwesentlichen zu unterscheiden, d.h. Prioritäten zu setzen, nach denen er die Situation auf der Baustelle beurteilen kann
- Sinn und Gespür für Zeiteinteilung zu entwickeln, so dass er fähig ist, realistisch einzuschätzen, wie lange er für welche Tätigkeiten noch braucht
- nicht nur reagiert, sondern aktiv handelt, damit Probleme entweder von vorneherein verhindert oder vorausschauend angegangen werden, und nicht erst

nach ihrem Auftreten aufwendig versucht werden muss, die Probleme möglichst schnell zu beseitigen
- Rücksicht auf die Zeit anderer zu nehmen, zu erkennen und zu beachten, wann er Ziel und Wohl seines Teams vor Eigennutz stellt
- seine Zeitdiebe und Zeitfallen zu erkennen und angemessene Gegenmaßnahmen zu treffen.

Nach Ihrer ausführlichen und wohl begründeten Information zur Mitarbeiteranleitung zum Zeitmanagement sollten Sie mit jedem Mitarbeiter einen Termin für ein Einzelgespräch vereinbaren, in dem Sie ihm als Coach bei seinen Bemühungen zur Seite stehen. Nehmen Sie sich zur Vorbereitung dieser wichtigen Beratungsgespräche ausreichend Zeit! Überlegen Sie:

- Was will ich im Hinblick auf diesen Mitarbeiter erreichen – was ist das Ziel meines Gespräches? Auch hier gilt die Grundregel jeder Gesprächsvorbereitung: *Kein Gespräch ohne klare, messbare Zielsetzung!*
- Welche Vorinformationen brauche ich für das Beratungsgespräch?
- Benötige ich Unterlagen, um meine Argumentation zu belegen?
- Welche Gesprächseröffnung bietet sich bei diesem Mitarbeiter an – wie kann ich sein Interesse für mein Anliegen wecken?
- Was muss ich mir aufschreiben, damit ich es auf jeden Fall anspreche? Welche Lösungen bieten sich aus meiner Sicht zu den notierten Punkten an?
- Mit welchen Vorbehalten, Einwänden, Schwierigkeiten muss ich bei diesem Mitarbeiter rechnen – wie kann ich kompetent und sachlich argumentieren?
- Wie beende ich die Beratung, damit dieser Mitarbeiter sich persönlich angesprochen und angeregt fühlt, sein Zeitmanagement zu optimieren?

## 8.2 Ziele vereinbaren, Maßnahmen planen

Der Erfolg Ihres Beratungsgespräches hängt wesentlich davon ab, wie sehr es Ihnen gelingt, Ihren Mitarbeiter zur selbstkritischen Reflexion seiner persönlichen Stärken und Schwächen im Hinblick auf sein Zeitmanagement zu bewegen. Hier ist Selbsterkenntnis *die* notwendige Voraussetzung, um überhaupt eine Verhaltensänderung durchführen zu können. Denn nur, wenn Ihr Mitarbeiter seine Selbstorganisation von sich aus als veränderungswürdig erkennt, wird er sie auch ändern. Gutgemeinte Appelle haben bei diesem Thema keine ausreichende Motivationskraft für eine Verhaltensänderung.

Folgen wir diesem Gedankengang versteht sich von selbst, dass Sie im Beratungsgespräch bestrebt sein sollten, Ziele mit Ihrem Mitarbeiter auch tatsächlich zu *vereinbaren*. Die bestmögliche Alternative wäre, wenn Ihr Mitarbeiter von sich aus seine Ziele setzt und Sie diese akzeptieren können, die schlechteste, wenn Sie ihm die Ziele vorgeben müssen.

Die Ziele für den Mitarbeiter im Rahmen seines Zeitmanagements am Arbeitsplatz sollten sachlicher, aber auch persönlicher Art sein. Ein sachliches Ziel wäre beispielsweise das Erstellen von Tagesplänen. Persönliche Ziele betreffen das Verhalten des Mitarbeiters am Arbeitsplatz. Wenn z.B. ein Mitarbeiter jede Aufgabe übernimmt oder sie sogar förmlich an sich zieht, muss er lernen, „nein“ sagen zu können, bzw. selbstbescheidener zu werden.

Wie Ihre eigenen Ziele, können auch Zielsetzungen, die Sie mit Ihrem Mitarbeiter vereinbaren, nur erfolgreich sein, wenn Sie den unten aufgeführten Anforderungen genügen. Mitarbeiterziele müssen

- konkret genug und damit klar überprüfbar sein,
- terminiert,
- vor der Erfüllung her realistisch,
- sinnvoll,
- grundsätzlich vom Mitarbeiter akzeptiert
- von Ihnen im Hinblick auf die Erfüllung geprüft werden, wobei vorausgesetzt wird, dass Sie
- auch bereit und fähig zur Unterstützung sind.

Ziele sind das eine – die Wege dahin das andere. Versäumen Sie deshalb nicht, gemeinsam mit Ihrem Mitarbeiter zu überlegen, wie die vereinbarten Ziele effektiv erreicht werden können.

Sprechen Sie mit ihm Mittel, Aktivitäten und Zeitpunkte ab, damit er sich konzentriert mit den richtigen Dingen, in der richtigen Reihenfolge, zum richtigen Zeitpunkt befasst. Fixieren Sie gemeinsam schriftlich einen Aktionsplan, aus dem der inhaltliche und zeitliche Aufgabenumfang ersichtlich ist, und in dem einzelne konkrete Schritte zur Zielerreichung detailliert geplant sind.

Sind Ziele vereinbart und Maßnahmen abgesprochen, geht es nun darum, wie Sie dauerhaft das Zeitbewusstsein Ihres Mitarbeiters fördern und fordern.

## 8.3 Zeitmanagement fördern und fordern

Einigen Mitarbeitern gelingt es auf Anhieb, konsequent ihre Zielvereinbarungen dauerhaft umzusetzen. Andere, und meist sind das nicht die wenigsten, nehmen aus dem Beratungsgespräch zwar Denkanstösse und den festen Willen mit, ihr Zeitmanagement zu optimieren, fallen aber nach und nach in ihre alten Verhaltensmuster zurück.

Manchem Bauleiter kommt da hin und wieder der Verdacht, dass es sich mit der Anleitung zum Zeitmanagement so verhält, wie bei ihm zu Hause, wo er sich mehr oder weniger erfolgreich darum bemüht, seinen Sohn zum regelmäßigen Zähneputzen zu erziehen. Der sieht zwar ein, wie wichtig das Ganze ist, aber da kam dies und jenes dazwischen und außerdem ... Auch wenn der Vergleich vielleicht nicht ganz angemessen ist – bei manchen Dingen verhalten sich die gestandenen Familienväter vom Bau wie ihre eigenen Kinder.

Nur geht es diesmal darum, dass sie *selbst* nicht nur einsehen, was gut für sie ist, sondern auch dementsprechend handeln. Vom Bauleiter ist hier konsequentes Fördern und Fordern gefragt, will er Zeitbewusstsein nicht nur entwickeln, sondern auf Dauer festigen.

Diesem Gedankengang folgend ergibt sich für Ihr Führungshandeln nicht nur die Notwendigkeit, selbst vorbildlich Zeitmanagement zu praktizieren, sondern Sie sollten sich auch überlegen, wie sie Ihren Mitarbeiter nach dem Beratungsgespräch weiter coachen. Was dabei zu beachten ist, wird Ihnen an einem Beispiel erläutert.

Nehmen wir an, Sie hätten mit Ihrem Mitarbeiter als Ziel vereinbart, dass er sich seine Zeit besser einteilen solle und passende Maßnahmen abgeleitet. Ihr Motto für die Folgezeit lautet: *Fördern durch Fordern!*

Ermutigen Sie Ihren Mitarbeiter, sich Erledigungsfristen zu setzen, unnötige Verfahren abzuschaffen und Vorschläge zur reibungsloseren Gestaltung der Abläufe zu unterbreiten.

Nehmen Sie mögliche Widerstände ernst. Wenn Ihr Mitarbeiter beispielsweise eine Zeitinventur als zusätzliche Belastung für seinen ohnehin schon überfüllten Zeitplan oder Zwang empfindet, verdeutlichen Sie ihm an Ihrem Beispiel, welche wertvollen Erkenntnisse Sie selbst aus Ihrer Zeitinventur gewonnen haben und welche Chancen sich auch für ihn ergeben können.

Bestehen Sie aber auch darauf, dass Ihr Mitarbeiter seine Aufgaben beendet. Wenn er einen Auftrag nicht vollständig ausführt, sollten Sie ihm wiederholt Erläuterungen geben und ihn angemessen oft an die Erledigung erinnern.

Hinterfragen Sie mögliche Gründe für unvollständige Ausführungen. Liegt es vielleicht an der unzulänglichen Erstanweisung, einer unrealistische Zeitplanung, fehlender Konzentration und Ausdauer ihres Mitarbeiters, seinem zu geringen Engagement, seiner Unzulänglichkeit, am mangelnden Überblick über noch zu erledigende Arbeiten oder an falscher Prioritätensetzung?

Bei hochqualifizierten Mitarbeitern und unterstellten Führungskräften sollten Sie einen Schritt weitergehen und unterschriftsreife Lösungsvorschläge erwarten. Ihre Spitzenkräfte sollten alle Fakten überprüft haben und alle möglichen Alternativen zur Durchführung des Auftrages überdacht haben. Sie sollten in der Lage sein, zu bestimmen, wie man negative Auswirkungen minimieren kann. Ihre Überlegungen sollten sie Ihnen in einem Maßnahmenplan zur Ja/Nein-Entscheidung vorlegen.

Je konsequenter Sie das „Fördern durch Fordern“ praktizieren, umso weniger wird Ihr Mitarbeiter versuchen, sich ungeliebter Aufgaben durch Rückdelegation zu entziehen.

## 8.4 Arbeitsgeschehen erfassen, bewerten und Ziele ableiten

Mit wachsendem Zeitbewusstsein werden sich Ihre Mitarbeiter und Sie früher oder später beinahe zwangsläufig die Frage stellen:

Wo sind denn noch weitere Möglichkeiten für uns, Zeit zu sparen und effektiver zu arbeiten?

Zwei Zeitmanagementinstrumente bieten Ihnen in diesem Fall Unterstützung:

- Die Erfassung aller in einer Abteilung vorkommenden Aufgaben über Tätigkeitslisten
- Die Erfassung des Arbeitsgeschehens über Personalerhebungsbogen

Am Ende der Datenerfassung steht Ihre Bewertung der Ergebnisse. Hieraus resultieren neue Denkanstöße zur weiteren Optimierung.

Doch bevor es soweit ist, geht es darum, den Mitarbeitern Sinn und Zweck der Zeitmanagementinstrumente zu erläutern. Informieren Sie Ihre Mitarbeiter darüber, dass die Formulare dazu dienen:

- Routinearbeiten auszugliedern,
- Arbeitsvorgänge zu vereinfachen,
- Informationsflüsse zu beschleunigen,
- Arbeiten besser aufzuteilen,
- Aufgabenstellungen stärker zu verdeutlichen,
- Kompetenzen und Verantwortlichkeiten klarer abzugrenzen und
- die Möglichkeiten der Eigenkontrolle zu verbessern.

Bitten Sie Ihre Mitarbeiter darum, die Formulare sorgfältig, knapp und für Dritte verständlich auszufüllen. Erwägen Sie, ob Sie zur Erleichterung der Aufgabe ein Muster beilegen.

Tätigkeitsliste und Personerhebungsbogen betreffen verschiedene Aspekte des Arbeitsgeschehens. Sie sind einzeln und gemeinsam einsetzbar.

Tätigkeitslisten sind vorzuziehen, wenn es darauf ankommt, Zeitangaben und Informationen zur Aufgaben- und Arbeitsverteilung zu erfassen. Personalerhebungsbogen sind vorteilhafter, wenn es auf zusätzliche Daten ankommt, wie z.B. die Erfassung des Informationsflusses. Eine Kombination beider Methoden empfiehlt sich, wenn eine umfassende Organisationsanalyse durchgeführt werden soll.

### 8.4.1. Tätigkeitslisten

Tätigkeitslisten erfassen alle in einer Abteilung vorkommende Aufgaben in einem festgelegten Zeitbereich (meist 1 Woche). Jeder Mitarbeiter füllt grundsätzlich zwei Tätigkeitslisten aus.

Liste 1 erfragt täglich vorkommende Tätigkeiten mit Angaben über Zeitpunkt, Dauer, bearbeitete Menge und benutzte Hilfsmittel.

Liste 2 erfasst regelmäßig und unregelmäßig wiederkehrende Tätigkeiten, z.B. an jedem Monatsersten.

Entwerfen Sie gemäß den Grundüberlegungen ein Formular. Orientieren Sie sich im Hinblick auf die Gestaltung an Punkt 7.1.2. dieses Buches. Auf einem Beiblatt sollten Sie Ihre Mitarbeitern Hinweise zum besseren Verständnis der Tätigkeitsliste bieten. Hier ein Beispiel aus der Praxis:

**Hinweise zum Ausfüllen der Listen**

1. Laufende Arbeiten sind tägliche Tätigkeiten. Wählen Sie eine Woche mit normaler Arbeitsbelastung, für die fünf Tageslisten erstellt werden.
2. Regelmäßig wiederkehrende Arbeiten sind solche, die wöchentlich, monatlich oder jährlich auftreten.
3. Außergewöhnliche Belastungen sind z.B. bedingt durch saisonale Schwankungen, besonders Terminarbeiten.
4. Füllen Sie die Listen für Ihre Position selbst aus.
5. Erfassen Sie die Tätigkeiten unmittelbar nach, bzw. bei deren Auftreten
6. Notieren Sie Angaben über bearbeitete Mengen und benutzte Hilfsmittel nur, wenn Eintragungen dieser Art einen wesentlichen Informationsgehalt haben.
7. Tragen sie nur Tätigkeiten mit einer Dauer von mindestens fünfzehn Minuten ein.
8. Erfassen Sie Kaffeepausen, Unterhaltungen, Abwesenheiten unter Sonstiges.

## 8.4.2. Personalerhebungsbogen

Mit Personalerhebungsbogen wird das Arbeitsgeschehen über längere Zeiträume mit offenen Fragen erfasst. Hier einige Beispielsfragen:

- Welche Arbeiten erfüllen Sie täglich?
- Welche regelmäßig wiederkehrenden Arbeiten erfüllen Sie außerdem
  a. an welchen Wochentagen innerhalb einer Woche?
  b. An welchen Tagen innerhalb eines größeren Zeitraums (z.B. innerhalb von 1, 2, 3 ... – 12 Monaten)
- Welche unregelmäßig wiederkehrenden Arbeiten erfüllen Sie?
- Welche Hilfsarbeiten (Schreiben, Sortieren, Ablegen, Transportieren usw.) erfüllen Sie?
- Welche Aufgaben, für die eigentlich andere zuständig sind, erledigen Sie (mit welchem Zeitaufwand) gelegentlich mit?
- Von wem erhalten Sie mündliche, telefonische oder schriftliche Informationen und welcher Art sind sie (z.B. Anweisungen, Berichte, Aufträge, Mitteilungen, Unterlagen, Aufstellungen, Statistiken usw.)?
- Wem geben Sie welche Informationen (Anweisungen, Berichte, Mitteilungen usw.)
- Mit wem haben Sie
  a. täglich
  b. mehrmals pro Woche
  c. gelegentlich zu tun?
- Welche Formulare und sonstige Unterlagen verwenden Sie bei Ihrer Arbeit (Karteien, Verzeichnisse, Checklisten ...)?
- Welche technischen Hilfsmittel nutzen Sie?
- Welche Störungen, Unklarheiten, Überlastungsprobleme, Verzögerungen oder sonstige Schwierigkeiten kommen bei Ihrer Arbeit häufig vor?
- Welche Verbesserungsvorschläge möchten Sie machen?

Übrigens – die Fragen eignen sich auch gut als Leitfaden, um in einem Beratungsgespräch (vgl. Punkt 8.1.) gemeinsam Ziele zu erarbeiten und zu vereinbaren (vgl. Punkt 8.2.).

### 8.4.3. Bewertung des Arbeitsgeschehens

Sobald alle Formulare vorliegen, erfolgt die Bewertung des erfassten Arbeitsgeschehens. Grundsätzlich ist zu prüfen, ob

- die richtige Tätigkeit,
- am richtigen Ort,
- in der richtigen Zeit,
- vom richtigen Mitarbeiter,
- mit den richtigen Hilfsmitteln
- in der richtigen Weise erfüllt wird!

Es empfiehlt sich, die Bewertung in zweierlei Hinsicht durchzuführen. Zum einen sollte jede erfasste Tätigkeit unter die Lupe genommen werden, zum anderen Tätigkeitsliste und Personalerhebungsbogen im Ganzen betrachtet werden.

Sechs analytische Fragen helfen Ihnen, jede erfasste Tätigkeit zu prüfen:

1. Was wird getan?
   Welches Objekt?
   Fehlt ein Arbeitsschritt?
   Sollte der Schritt noch weiter untergliedert werden?
2. Warum wird es getan?
   Womit wird der Arbeitsschritt begründet?
   Kann er vielleicht weggelassen werden?
3. Wo sollte es getan werden?
   An welchem (Arbeits-) Platz?
   Ist der betreffende Ort der richtige?
4. Wann sollte es getan werden?
   Sind Zeitpunkt und Dauer richtig?
   Ist die zeitliche Reihenfolge der Schritte innerhalb des Projektes so OK?
5. Wer sollte es tun?
   Ist die Arbeitsaufteilung im Hinblick auf den Mitarbeiter richtig?
6. Wie sollte es getan werden?
   Welche Formulare, welche Geräte sind am besten geeignet?
   Ist eine Umverteilung zweckmäßig, eine Vereinfachung möglich?
   Können Kapazitäten besser genutzt werden?

Diese Fragen eignen sich übrigens auch, um im Beratungsgespräch gemeinsam mit dem Mitarbeiter systematisch Vorschläge zur Optimierung seines Zeitmanagements zu durchleuchten (vgl. auch Punkt 8.1. und 8.2).

Mit dem folgenden Fragenkatalog sind Sie in der Lage, die Ergebnisse der Erhebung mittels Tätigkeitslisten und / oder Personalerhebungsbogen im Ganzen zu bewerten:

- Sind sachgebietsfremde Aufgaben oder Tätigkeiten (die besser von anderen stellen durchgeführt werden könnten) genannt?
- Könnten Tätigkeiten oder Aufgaben wegfallen?
- Fehlen Tätigkeiten oder Aufgaben?
- Sind die Kapazitäten der Stellen und der benutzten Hilfsmittel voll ausgelastet?
- Könnten durch Umverteilung der Aufgaben oder Tätigkeiten die Kapazitäten besser genutzt werden?
- Verzetteln sich die Mitarbeiter mit Führungsverantwortung durch zu viele Fachaufgaben?
- Welche anderen Hilfsmittel könnten zur Erfüllung der Aufgaben verwendet werden?
- Könnten die Aufgaben mit diesen Hilfsmitteln wirtschaftlicher erfüllt werden?
- Sind die Tätigkeiten zeitlich zweckmäßig verteilt (richtige Reihenfolge)?
- Sind die angegebenen Zeiten den jeweiligen Tätigkeiten angemessen?
- Sollten Tätigkeiten dezentralisiert werden?
- Sind die Mitarbeiter durch zu viele Nebenarbeiten wie Schreiben, Sortieren, ablegen, transportieren usw. belastet?
- Wie lassen sich notwendige Nebentätigkeiten rationalisieren?
- Ergeben sich dadurch, dass eventuell von verschieden Stellen Anweisungen gegeben werden, Kompetenzstreitigkeiten oder sonstige Schwierigkeiten?
- Sind alle benötigten Informationen auch tatsächlich vorhanden?
- Könnte der Informationsfluss verbessert werden?
- Welche Anforderungen werden an den im Hinblick auf die Aufgabenerfüllung Mitarbeiter gestellt?
- Entsprechen die Mitarbeiter diesen Anforderungen oder sind neu- oder Umbesetzungen zu empfehlen?
- Ist die Aufgabenerfüllung und -verteilung genauso, wie sie eigentlich sein sollte?

Verdichten Sie das Ergebnis Ihrer Bewertung zu einem Gesamtbild, aus dem Sie Ziele für eine Mitarbeiterbesprechung ableiten. In dem Moment, wo Sie die Besprechung einberufen, hat sich der Führungskreislauf geschlossen. Neue Ziele können vereinbart, verfolgt, kontrolliert und bewertet werden.

Jeder weitere Zyklus bringt Sie und ihre Mitarbeiter einen Schritt nach vorn. Spiralförmig entsteht zu einem ein kontinuierlicher Verbesserungsprozess für jeden Mitarbeiter im Hinblick auf die Verbesserung seines Zeitmanagements und seiner Selbstorganisation. Zu anderen treten hausgemachte Zeitfallen und innerbetriebliche Zeitdiebe immer weniger in Erscheinung, die Gesamtorganisation Ihres Bauunternehmens optimiert sich.

Betrachten sie die Ausführungen in diesem Kapitel als eine Palette der Möglichkeiten. Bevor Sie mit Ihrer Zeitmanagementanleitung für Mitarbeiter starten, erwägen Sie sorgfältig, was und wie viel sich von dieser Angebotspalette in Ihrer Firma realisieren lässt.

# 9 (Zeit-)Management by Delegation

Jeder Stufe des im vorangegangenen Kapitel beschriebenen Führungskreislaufes lassen sich „Management by - Techniken” zuordnen. So passt beispielsweise zur ersten Stufe „Ziele vereinbaren oder vorgeben“ das „Management by Objectives“. Im Kern geht es bei dieser Führungstechnik darum, die Leistungen von einzelnen Mitarbeitern und Teams auf (selbst)gesteckte Ziele auszurichten. Die Wege zur Zielerreichung werden den Mitarbeitern weitgehend selbst überlassen, um Ihnen individuelle Handlungsspielräume und ein hohes Maß an Selbstverwirklichung zu ermöglichen.

Das „Management by Delegation“ („Führen durch Delegieren“) bezieht sich auf Stufe 3 „Ausführen nach Vorgabe“ und handelt davon, wie Führungskräfte Aufgaben an ihre Mitarbeiter übertragen sollen. Einerseits geht es darum, Führungskräfte zu entlasten, damit sie mehr Zeit für unternehmerische Tätigkeiten gewinnen. Andererseits sollen Mitarbeiter durch Aufgabenübertragung mehr Selbstständigkeit und Verantwortung erhalten. Im Idealfall profitieren also beide Seiten – wenn „echt“ delegiert wird.

Bei einer *„echten“* Delegation wird nicht nur die *Aufgabe*, sondern es werden auch die *Verantwortung* und damit verbundene *Entscheidungsbefugnisse vollständig* übertragen. Oft sieht die baubetriebliche Praxis jedoch anders aus:

Da wird dem Polier die Aufgabe übertragen, einen Bauabschnitt in einer bestimmten Frist fertig zu stellen. Schafft er es nicht, die Decke bis zum Wochenende zu gießen, wird er selbstverständlich zur Verantwortung gezogen. Nur – mal eben fehlende Kleineisenteile im Baumarkt nebenan besorgen, das darf er nicht. Er hat weder ein Budget, noch die „Entscheidungsbefugnis“ zum Erwerb. Jetzt – just in time – steht er da und versucht, seinen Bauleiter zu erreichen, damit der ihm eine „Genehmigung erteilt“. Ein paar Meter fehlender Rödeldraht – kleine Ursache, große Wirkung – malen sie sich den Stress selbst aus, wenn der Polier den Bauleiter nicht erreicht!

Am Ende steht die massive Frustration des Poliers. Hauptursache: Es wurde nicht vollständig delegiert. Er erhielt zwar die Aufgabe und die Verantwortung, aber keine Entscheidungsbefugnisse.

Echte Delegation setzt wirkliches Vertrauen in die Kompetenz des Mitarbeiters voraus. Ist dieses Vertrauen nicht gegeben, sind zwei Ursachen denkbar:

1. Die Führungskraft ist sich der Bedeutung des Delegierens nicht bewusst und verfügt nicht über die richtige Einstellung zum Delegieren.
2. Der Mitarbeiter besitzt noch nicht den richtigen „Reifegrad“ zur vollständigen Aufgabenübertragung.

Nutzen sie die folgenden Ausführungen, um Ihre Einstellung zum Delegieren selbstkritisch zu hinterfragen. Lernen Sie im Weiteren das Reifegrad-Modell kennen. Es zeigt, wie sie Ihre Mitarbeiter stufenweise zur „Delegationsreife“ entwickeln und Ihren Führungsstil effektiv gestalten können.

## 9.1 Bedeutung des Delegierens

Führung lässt sich auch als „das Ausführen von Aufgaben durch andere“ definieren. Mit anderen Worten:

Wer nicht effektiv delegiert, führt auch nicht effektiv – und spart keine Zeit!

Die zentralen Aufgaben eines Bauleiters bestehen darin, qualifizierte Entscheidungen zu treffen, diese durchzusetzen und seine Mitarbeiter zu inspirieren. Ein Bauleiter ist auf die Mitarbeit engagierter Mitarbeiter angewiesen.

Seine Ziele im „Management by Delegation“ sind:

- Aufgaben effektiv lösen
- optimale Nutzung der Kapazitäten sicherstellen
- eigene Kapazitäten für die Ausführung von unternehmerischen Tätigkeiten und den eigentlichen
- Führungsaufgaben freihalten, statt ausführendes Organ zu sein
- Mitarbeiter und ihr Kompetenzniveau fördern
- eine gute Unternehmenskultur schaffen

Seine Ziele sind *nicht*:

- Möglichkeiten zu finden, sich als Führungskraft vor langweiligen und unangenehmen Arbeiten zu drücken
- Mitarbeiter zu überlasten

Damit stellt sich die Frage: Was muss, was sollte, was kann delegiert werden?

Verwenden sie zur Beantwortung dieser Frage das Arbeitsblatt auf der Folgeseite. Ordnen sie die Aufgaben Ihres Verantwortungsbereiches den fünf Delegierungsbereichen zu. Orientieren Sie sich bei der Zuordnung an den vorgegebenen Definitionen:

1. Aufgaben, die Sie lösen *müssen*

Hierunter fallen alle Aufgaben, die Sie unter keinen Umständen delegieren dürfen, z.B.: Definition des Auftrags des Unternehmens, übergeordnete Ziele, Politik und Strategien, Genehmigungen von Budgets, Einstellungen, Kündigungen, Gehaltsverhandlungen, Beurteilunsgespräche, Anerkennung, Zurechtweisungen usw.

2. Aufgaben, die sie lösen *sollten*

Hierzu gehören zwei Typen von Aufgaben; solche, die bei starkem Zeitdruck delegiert werden können und große, komplexe Aufgaben, die am besten von Ihnen mit Hilfe anderer gelöst werden.

3. Aufgaben, die Sie delegieren *können*

Hierunter sind Aufgaben zu verstehen, die Sie als Bauleiter aufgrund ihrer größeren Erfahrung vermutlich selbst am besten lösen könnten. Diese Aufgaben können von anderen Mitarbeitern der Organisation übernommen werden, dies erfordert jedoch Schulung, gründliche Einweisung und Nachfassen. In der Einarbeitungsphase entstehen Fehler, Mißverständnisse und Frustationen; auf kurze Sicht könnten Sie diese Aufgaben erheblich schneller und besser selbst ausführen.

Bei solchen Aufgaben gilt es, Zeit in Schulung zu investieren und sich in Toleranz zu üben. Denn gerade hier liegt auf lange Sicht für Sie die Möglichkeit zu großem Zeitgewinn in Form von geringerem Zeitdruck, der Freisetzung von Kapazitäten für andere Aufgaben und der Entwicklung von Mitarbeitern zur Delegationsfähigkeit.

4. Aufgaben, die Sie delegieren *sollten*

Hierunter fallen Aufgaben, die auch ohne Ihr Zutun einwandfrei gelöst und auch selbstverständlich bei Ihrer Abwesenheit gelöst werden. Für deren Ausführung sollten die Mitarbeiter die erforderliche Kompetenz besitzen, damit die reibungslose und flexible Funktion der Organisation unter allen Umständen gewährleistet ist.

5. Aufgaben, die Sie delegieren *müssen*

Hierunter fallen Aufgaben, die klar zum Arbeitsbereich des Mitarbeiters gehören und auch ohne Ihre Einmischung glatt erledigt werden und Aufgaben, die andere schneller und besser ausführen.

Wie verteilen sich welche Aufgaben bei Ihnen?

| Aufgaben, die ich | |
|---|---|
| lösen muß | |
| lösen sollte | |
| delegieren kann | |
| delegieren sollte | |
| delegieren muß | |

Manch ein Bauleiter weiß zwar „im Prinzip“ welche Delegationsmöglichkeiten er hat, nimmt seine Möglichkeiten jedoch nicht optimal wahr, weil er nicht über die richtige Einstellung zum Delegieren verfügt.

Prüfen Sie mit dem Fragebogen Ihre Einstellung zum Delegieren.

| **Wie ist meine Einstellung zum Delegieren?** | ja | ? | nein |
|---|---|---|---|
| 1. Ich spare oft Zeit, wenn ich die Arbeiten selbst ausführe. | | | |
| 2. Ich kann mich mit Fehlern meiner Mitarbeiter nur schwer abfinden | | | |
| 3. Ich habe es am liebsten, überall mitzumischen und zu wissen, was in meiner Abteilung vorgeht | | | |
| 4. Ich empfinde es manchmal als ungerecht, wenn meine Mitarbeiter meine Anweisungen nicht gleich verstehen | | | |
| 5. Ich empfinde es manchmal als ungerecht, wenn meine Mitarbeiter von anderen gelobt werden, ohne dass meine Leistung gewürdigt wird | | | |
| 6. Nur wenn ich selbst beteiligt war, kann ich mich darauf verlassen, dass eine Aufgabe bestmöglich ausgeführt worden ist | | | |
| 7. Es fällt mir schwer, die Ideen anderer zu akzeptieren | | | |
| 8. Ich habe so spezielle Erfahrungen und Kenntnisse, dass ich die Aufgaben am besten selbst löse | | | |
| 9. Die Mitarbeiter sollten nur Informationen bekommen, die sie zur Ausführung ihrer Aufgabe brauchen | | | |
| 10. Meine Mitarbeiter wollen keine größere Verantwortung übernehmen | | | |
| 11. Wenn ich zuviel delegiere, verliere ich die Kontrolle | | | |
| 12. Viele Kunden und Geschäftsfreunde wollen nur mit mir sprechen | | | |
| 13. Es könnte für mich und meine Umgebung besser sein, heikle und peinliche Angelegenheiten zu delegieren | | | |
| 14. Ich als Führungskraft sollte mich nicht mit langweiligen und unangenehmen Aufgaben beschäftigen | | | |
| 15. Es fällt mir schwer, mich damit abzufinden, dass ein Mitarbeiter eine Aufgabe auf eine andere Weise löst, als ich es getan hätte | | | |
| 16. Ich kann nicht hinnehmen, dass ein Mitarbeiter meine Instruktionen nicht Punkt für Punkt befolgt | | | |
| 17. Führungskräfte, die viel delegieren, sind sich ihrer selbst nicht sicher | | | |
| 18. Wenn ich zuviel delegiere und die Kompetenz anderer erhöhe, gefährde ich meine eigene Führungsposition | | | |
| 19. Meine engsten Mitarbeiter sollten eigentlich dasselbe Leistungsvermögen und dieselbe Einstellung haben wie ich | | | |
| 20. Meine Mitarbeiter sollten möglichst nicht zu sehr dominieren | | | |

**Auflösung**

Lassen Sie alle Aussagen unberücksichtigt, bei denen Sie ein Fragezeichen angekreuzt haben.

Wenn Sie häufiger mit „nein“ als mit „ja“ geantwortet haben, erleichtert Ihre Einstellung echtes Delegieren.

Haben Sie häufiger mit „ja“ geantwortet, so wird Ihre Einstellung echtes Delegieren erschweren. Sie sollten daran arbeiten, Ihre Einstellung zu ändern.

Nur – was nützt die beste Einstellung zum Delegieren, wenn die Mitarbeiter weder wollen noch können? Hier bietet Ihnen das Reifegradmodell und seine Anwendung für die baubetriebliche Führungspraxis bewährte Hilfe.

## 9.2 Das Reifegradmodell

Hersey / Blanchard stellen in ihrem situativen Führungsmodell den „Reifegrad” des Mitarbeiters als bedeutsamen Faktor heraus. Der Reifegrad des Mitarbeiters wird vierfach abgestuft definiert. Jede Stufe lässt sich über die Einschätzung von Aufgabenreife (= Leistungsvermögen: *kann* er es?) und psychologischer Reife (= Leistungsbereitschaft: *will* er es?) bestimmen.

Unter Aufgabenreife, der beruflichen Handlungskompetenz des Mitarbeiters fassen wir sein fachliches Können in Theorie und Praxis, Kenntnisse, Fertigkeiten und Fähigkeiten, die er durch Ausbildung, Übung, Training und Erfahrung erworben hat.

Hohe Aufgabenreife zeigt sich darin, dass der Mitarbeiter über einschlägige Berufserfahrungen und fundiertes Fachwissen verfügt, weiß, was zu tun ist, Probleme selbständig löst und sich auch selbst kontrolliert, sich termintreu verhält und sorgfältig nachfasst.

Unter psychologischer Reife, dem Engagement des Mitarbeiters fassen wir seinen Leistungswillen, Selbstvertrauen und Selbstsicherheit, sowie seine Motivation, sein Interesse an und seine Begeisterung für seine Arbeit. Darunter fällt auch seine Aufgeschlossenheit für Kritik und seine Fähigkeit, positiv zu denken und zu handeln, indem er andere ermutigt, unterstützt, aufmerksam zuhört und Lob und Anerkennung angemessen ausspricht.

Hohe psychologische Reife zeigt sich in einem starken Leistungswillen bei großer Identifikation mit der Aufgabe und Beharrlichkeit in der Zielverfolgung: Mitarbeiter mit hoher psychologischer Reife mögen ihre Arbeit.

Aufgabenreife und psychologische Reife ergeben den Reifegrad, für den jeweils ein Führungsstil vorgeschlagen wird.

**Reifegrad 1:**

- Niedrige Reife: geringe Aufgabenreife und geringe psychologische Reife

Der Mitarbeiter setzt seine Ziele sehr gering an und vermeidet jegliches Risiko. Seine Motivation drückt sich überwiegend im Streben nach Befriedigung der Grundbedürfnisse (besonders starke Gewichtung finanzieller Aspekte) und Sicherheitsbedürfnisse aus.

- Führungsstil: Anordnen / Anweisen

Der Bauleiter gibt genaue Instruktionen und Anweisungen, was, wie, wo, wann, von wem, mit wem und mit welchen Mitteln zu erledigen ist und überwacht sehr genau die Arbeit.

**Reifegrad 2:**

- Niedrige bis mittlere Reife: wenig motiviert und mäßig fähig

Die Leitmotive des Mitarbeiters liegen bei den Bedürfnissen nach Sicherheit und sozialer Anerkennung. Auch vermeidet er Risiken. Seine Leistungsziele setzt er niedrig an.

- Führungsstil: Erklären / Überzeugen

Der Bauleiter erklärt, warum eine Tätigkeit ausgeführt werden muss, und gibt Gelegenheit für die Klärung von Verständnis- und Wissensfragen.

**Reifegrad 3:**

- Mittlere bis hohe Reife: fähig und mäßig motiviert

Der Mitarbeiter setzt sich selbst hohe, aber erreichbare Ziele und erwägt aufgeschlossen Risiken. Er wünscht gute soziale Kontakte und legt großes Gewicht darauf, dass seine Leistungen gewürdigt werden

➢ Führungsstil: Ermutigen / Beteiligen

Der Bauleiter tauscht Ideen, Vorschläge und Alternativen bei der Entscheidungsfindung aus und ermöglicht Selbständigkeit bei der Arbeitsausführung.

**Reifegrad 4:**

➢ Hohe Reife: starke Aufgabenreife und psychologische Reife

Der Mitarbeiter setzt sich selbst hohe, aber realistische Ziele und ist bereit, kalkulierte Risiken einzugehen. Für ihn spielen die Bedürfnisse nach persönlicher Leistungsanerkennung und Selbstverwirklichung eine zentrale Rolle.

➢ Führungsstil: Übertragen / Überlassen

Dem Mitarbeiter wird volle Handlungsverantwortung und Entscheidungskompetenz bei der Aufgabenerteilung übertragen.

Mit dem Reifegradmodell wird Ihnen nicht nur nahe gelegt, Ihren Führungsstil dem Leistungsvermögen und der Leistungsbereitschaft des Mitarbeiters anzupassen, sondern es schlägt auch vor, die Mitarbeiter Stufe für Stufe in den Reifegrad 4 zu führen, um echt delegieren zu können. Die Darstellung bringt das Modell von Hersey / Blanchard auf den Punkt.

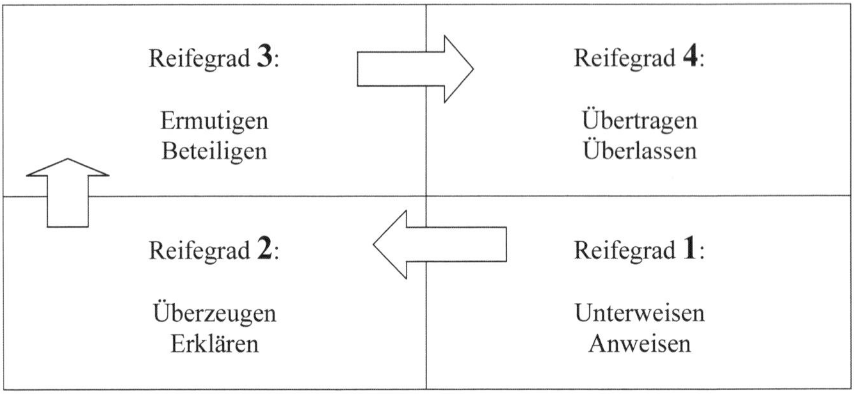


Übertragen Sie das Modell mit Hilfe der Fragebogen zur Reifegrad- und Führungsstilbestimmung auf Ihre baubetriebliche Praxis. Je effektiver Sie führen, umso mehr Zeit gewinnen Sie!

## 9.3 Effektive Führung durch Anwendung des Reifegradmodells

Das hier vorgestellte Verfahren ist für Sie als Vorgesetzter eine Hilfe zur Selbsteinschätzung Ihres Führungsstils, den Sie bezogen auf einen ganz bestimmten Mitarbeiter praktizieren. Durch den Vergleich zwischen Ihrem Führungsstil und dem Reifegrad dieses Mitarbeiters haben Sie die Möglichkeit, die Angemessenheit und damit auch die Effektivität Ihres Führungsverhaltens in drei Arbeitsschritten zu prüfen.

Ihr Führungsstil umfasst alle Verhaltensaspekte, von denen Sie selbst überzeugt sind, dass sie das Verhalten eines Ihrer Mitarbeiter in Ihrem Sinne zur Zielerreichung beeinflussen.

Der Reifegrad wird bestimmt von dem Grad der Fähigkeiten und Qualifikationen sowie von der Motivation und dem Selbstvertrauen eines bestimmten Mitarbeiters bezogen auf eine konkrete Zielsetzung, Aktivität oder Verantwortlichkeit.

Im ersten Schritt, geht es darum, den eigenen Führungsstil zu bestimmen (= wie sehe ich mich selbst?) Bearbeiten Sie dazu, den Fragebogen auf der nächsten Seite wie folgt:

- Wählen Sie einen Mitarbeiter aus.
- Tragen Sie in die Spalten 1 bis 6 Verantwortlichkeiten oder Hauptaufgaben dieses Mitarbeiters ein.
- Legen Sie Ihren Führungsstil zu der jeweils benannten Hauptaufgabe fest, indem Sie zunächst die vier aufgeführten Führungsverhaltensweisen lesen und dann den Stil auswählen, der am besten beschreibt, welchen Führungsstil Sie bezogen auf diese konkrete Aufgabe im Umgang mit Ihrem Mitarbeiter überwiegend praktizieren. Für diesen Fall ist ein „P" einzutragen. Dies ist der primäre Führungsstil.

Falls eine weitere Stilbeschreibung zutrifft, die von Ihnen oft realisiert wird, so ist ein „S" für sekundären Stil zusätzlich einzutragen. Der sekundäre Stil kann vorhanden sein, muss aber nicht.

Primärer und sekundärer Führungsstil können von Aufgabe zu Aufgabe variieren. Schließlich werden ja auch nicht alle Aufgaben gleich gerne und gleich gut von Ihrem Mitarbeiter erledigt.

| **Fragebogen zur Führungsstilbestimmung** | | | | | | |
|---|---|---|---|---|---|---|
| Für: | | | | | | |
| Aufgaben / Verantwortlichkeiten | | | | | | Datum: |
| 1. | 2. | 3. | 4. | 5. | 6. | |
| | | | | | | 1. Gebe genaue Instruktionen und Anweisungen und überwache sehr genau den Arbeitsfortschritt |
| | | | | | | 2. Erkläre das „Warum einer Tätigkeit und gebe Gelegenheit für die Klärung von Verständnis- und Fachfragen |
| | | | | | | 3. Tausche Ideen und Alternativen bei Entscheidungsfindungen aus |
| | | | | | | 4. Übertrage die volle Verantwortung für Entscheidungsfindung und Aufgabenerfüllung |

Ermitteln Sie im zweiten Schritt den Reifegrad des Mitarbeiters bezogen auf jede der sechs Aufgaben. Verwenden Sie dazu das Arbeitsblatt auf der Folgeseite:

- Übertragen Sie die oben aufgeführten Aufgaben in die entsprechenden freien Felder 1 bis 6 des Fragebogens zur Reifegradermittlung.
- Beachten Sie, dass zwei Skalen zu bewerten sind. Die eine gibt Aufschluss über Fähigkeiten, Fertigkeiten und Erfahrungen (Aufgabenreife), die andere über Motivation und Selbstvertrauen (psychologische Reife)
- Kreuzen Sie für Ihren Mitarbeiter zu jeder benannten Hauptaufgabe den Grad der Aufgabenreife und unabhängig davon, den der psychologischen Reife an.

| **Fragebogen zur Reifegradermittlung** | | | | |
|---|---|---|---|---|
| 1. Hauptaufgabe / Verantwortlichkeit: | | | | |
| Aufgabenreife:<br>Der Mitarbeiter ist fähig, er hat die erforderliche Qualifikation und Erfahrung | hervorragend<br>4 | hoch<br>3 | ausreichend<br>2 | gering<br>1 |
| Psychologische Reife:<br>Der Mitarbeiter ist motiviert, er hat Selbstvertrauen und Leistungswillen | immer<br>4 | sehr oft<br>3 | vorhanden<br>2 | selten<br>1 |
| 2. Hauptaufgabe / Verantwortlichkeit: | | | | |
| Aufgabenreife (wie unter 1): | 4 | 3 | 2 | 1 |
| Psychologische Reife (wie unter 1): | 4 | 3 | 2 | 1 |
| 3. Hauptaufgabe / Verantwortlichkeit: | | | | |
| Aufgabenreife (wie unter 1): | 4 | 3 | 2 | 1 |
| Psychologische Reife (wie unter 1): | 4 | 3 | 2 | 1 |
| 4. Hauptaufgabe / Verantwortlichkeit: | | | | |
| Aufgabenreife (wie unter 1): | 4 | 3 | 2 | 1 |
| Psychologische Reife (wie unter 1): | 4 | 3 | 2 | 1 |
| 5. Hauptaufgabe / Verantwortlichkeit: | | | | |
| Aufgabenreife (wie unter 1): | 4 | 3 | 2 | 1 |
| Psychologische Reife (wie unter 1): | 4 | 3 | 2 | 1 |
| 6. Hauptaufgabe / Verantwortlichkeit: | | | | |
| Aufgabenreife (wie unter 1): | 4 | 3 | 2 | 1 |
| Psychologische Reife (wie unter 1): | 4 | 3 | 2 | 1 |

Bestimmen Sie den Reifegrad, indem Sie die Verbindungsmatrix nach Hersey / Blanchard nutzen. Ein Beispiel:

Nehmen wir an, Sie hätten für Ihren Polier im Hinblick auf eine beliebige Tätigkeit seine fachliche Reife mit „3" und die psychologische Reife mit „2" bewertet. Es resultiert ein Reifegrad von „2" mit der Tendenz zu „3".

| Psychologische Reife | | | | |
|---|---|---|---|---|
| 4 | 4 | 3>4 | 2>3 | 2 |
| 3 | 3>4 | 3 | 2>3 | 2 |
| 2 | 2>3 | 2>3 | 2 | 1>2 |
| 1 | 2 | 1>2 | 1 | 1 |
| | 4 | 3 | 2 | 1 |

Aufgabenreife

Im dritten Arbeitsschritt vergleichen Sie, ob Ihr Reifegrad mit dem Führungsstil übereinstimmt, den Sie im ersten Schritt bestimmt haben.

Prüfen Sie ob der Reifegrad mit der Zahl übereinstimmt, die den einzelnen Führungsstilen in der Beschreibung vorangestellt ist. Sie liegen mit Ihrem Führungsstil im Hinblick auf die jeweilige Aufgabe richtig, wenn die Zahlen für den Reifegrad und den Führungsstil übereinstimmen.

Nehmen wir unser Beispiel von oben. Bei dem ermittelten Reifegrad „2>3" („2" mit einer Tendenz zu „3") führen Sie Ihren Mitarbeiter im Hinblick auf die benannte Aufgabe effektiv, wenn Sie im primären Führungsstil „erklären und überzeugen" und im sekundären „ermutigen und beteiligen" praktizieren.

Stimmt Ihr primärer Führungsstil mit dem Reifegrad überein und liegt ihr sekundärer Führungsstil eine Stufe höher, befinden Sie sich auf einen guten Weg, Ihren Mitarbeiter beruflich weiterzuentwickeln – sie fördern durch fordern!

Sie laufen Gefahr, Ihren Mitarbeiter zu überfordern, wenn Sie bei einem niedrigen Reifegrad einen höherstufigen Führungsstil wählen. Dies wäre beispielsweise dann der Fall, wenn Sie Ihren Mitarbeiter für eine bestimmte Hauptaufgabe oder Verantwortlichkeit im Reifegrad 2 eingeschätzt haben, jedoch im Führungsstil die „4" wählen: „übertragen, überlassen". Besser wäre es, dem Mitarbeiter die Aufgabe klar darzulegen und ihn von der Bedeutung der Aufgabe zu überzeugen.

Sie werden Ihren Mitarbeiter wahrscheinlich unterfordern, wenn Sie ihm in einer Hauptaufgabe einen höheren Reifegrad zuordnen, im Führungsstil jedoch darunter bleiben.

In der baubetrieblichen Praxis sind gute Erfahrungen damit gemacht worden, Mitarbeiter bei der Anwendung des Reifegradmodells einzubeziehen.

Stellen Sie Ihrem Mitarbeiter das Modell vor und bitten Sie ihn, dass er unabhängig von Ihnen den gleichen Fragebogen aus seiner Sicht ausfüllt. Lassen Sie ihn aufschreiben, in welchen Tätigkeiten er seine Hauptaufgaben sieht. Wundern Sie sich jedoch beim späteren Vergleich nicht, wenn er etwas anderes aufgeschrieben hat als Sie. Nutzen Sie ein solches Ergebnis, um mit ihm die Prioritäten in seinem Aufgaben- / Verantwortungsbereich klarer abzustimmen.

Nehmen Sie ernst, wenn er Ihren Führungsstil anders einschätzt als Sie. Er nimmt auf seine Art wahr, und was er dort wahrnimmt ist weder richtig noch falsch – es ist seine Sicht der Dinge. Nutzen Sie sein Feedback zur selbstkritischen Reflexion, hören Sie geduldig und ruhig zu. Vermeiden Sie Diskussionen über die Richtigkeit seiner Wahrnehmung. Je stärker Sie seine Sichtweise in Frage stellen, umso weniger wird er Ihnen weiterhin mitteilen.

Sollte er in der Reifegradbestimmung anders liegen als Sie, lassen sie sich seine Einschätzung erklären. Fassen Sie hier getrost nach, wenn Ihnen etwas unklar ist. Nehmen Sie seine Einschätzung als Zusatzinformation zur Absicherung Ihrer eigenen Einschätzung. Je präziser hier die Diagnose ist, umso effektiver werden Sie den zum Reifegrad passenden Führungsstil realisieren können.

Weiterhin sollten sie mit Ihrem Mitarbeiter Möglichkeiten erwägen, wie sie ihn dabei unterstützen können, dass er sich von niedrigeren zu höheren Reifegraden weiterentwickeln kann.

Je optimaler Sie Ihr Führungsverhalten an den Möglichkeiten Ihrer Mitarbeiter ausrichten, umso effektiver wird sich die Zusammenarbeit gestalten. Statt Leistungsminderungen wegen Über- oder Unterforderung durch eigene Mehrarbeit ausgleichen zu müssen, entwickeln Sie Ihre Mitarbeiter systematisch zur „Delegationsreife".

Mit der richtigen Einstellung zur Delegation und hoch leistungsfähigen und leistungswilligen Mitarbeitern entlasten Sie sich und erhöhen die Zufriedenheit und damit verbunden das Leistungsergebnis Ihrer Mitarbeiter.

Delegationen sind allerdings nur dann erfolgreich, wenn sie in der richtigen Art und Weise erfolgen. Bei einer echten Delegation wird mit dem Mitarbeiter vereinbart, was er bis zu einem bestimmten Zeitpunkt erreichen oder erfüllen soll. Alles Weitere liegt in den Händen des Mitarbeiters. Er wählt seine Mittel selbst, bestimmt den Weg zum Ziel und entscheidet, wen er für sein Projektteam gewinnen möchte.

Bei „Scheindelegationen" wird trotz der offiziellen Auftragsübergabe die Übernahme der Verantwortung nicht ermöglicht. Entscheidungen werden nicht freigegeben sondern in der Hand des Delegierenden belassen. An Zitaten aus der Praxis verdeutlicht sich worin sich Scheindelegationen von echten Delegationen unterscheiden.

| Vergleichen Sie | |
|---|---|
| **Scheindelegation**<br>(Zitate aus der Praxis) | **Echte Delegation**<br>(Vorschläge für die Praxis) |
| „Herr S., wir haben einen Auftrag für Sie ..." | Herr S, wir möchten Sie für das neue Projekt in ... gewinnen ... |
| „Am besten sprechen Sie dafür Michael G. und Josef F. an ..." | Was meinen Sie – wer könnte Sie am besten unterstützen? |
| „Um da durch zu kommen, brauchen wir schweres Gerät. Ich schlage vor, wir ..." | Welche Baumaschinen beabsichtigen Sie einzusetzen? |
| „Wir haben für die Erdarbeiten Zeit bis Ende August, dann müssen wir fertig sein" | Das Bauvorhaben soll bis Anfang Oktober abgeschlossen sein. Für den Abschluss der Erdarbeiten sehen wir einen Termin Ende August. Ist das so OK? |

Die Beispiele zeigen, dass bei Scheindelegationen trotz Auftragsübergabe nach wie vor der Chef Entscheidungsträger ist. Wenn Ihnen Aufgaben so delegiert würden – wie würde sich das wohl auf Ihre Leistungsbereitschaft auswirken?

Vermeiden Sie Scheindelegationen und nutzen Sie die Leitfragen zur echten Delegation, um Aufgaben an Ihre leistungsstarken Mitarbeiter professionell zu übertragen:

- Kennt der Mitarbeiter die *Zielsetzung* der Aufgabe?
- Hat der Mitarbeiter die nötige *Qualifikation* und die nötigen *Befugnisse* zur Ausführung der Aufgabe?
- Verfügt der Mitarbeiter über alle *Informationen*, die er zur zielgerechten Ausführung der Arbeit braucht?
- Ist bei der Auftragsübergabe gewährleistet, dass der Mitarbeiter die Möglichkeit hat, *Fragen zu stellen*, wenn ihm etwas unklar ist?
- *Akzeptiert* der Mitarbeiter die Aufgabe im Hinblick auf Zielsetzung / Sollvorgabe?
- Führen Sie das Delegationsgespräch im *Umkehrton*, so wie Sie selbst bei einer Auftragsübergabe angesprochen werden möchten?
- Sind Termine für die Besprechung der Ergebnisse vereinbart – *Fehleranalyse / Erfolgkontrolle?*
- Entspricht die Aufgabe den *Leistungsmöglichkeiten* des Mitarbeiters, oder ist er über- oder unterfordert?

Die einzig richtige Antwort auf alle Fragen lautet „Ja“.

Wenn Sie nicht aus voller Überzeugung zustimmen, halten Sie stichwortartig fest, woran das liegt. Überlegen Sie dann (mit Ihrem Mitarbeiter) was Sie wie tun können um dies zu ändern!

# 10 Schnelle und wirkungsvolle Verhandlungsführung

Gleich ob auf der Baustelle, in der Firma oder auswärtig – stets ist der Bauleiter ein gefragter und geschätzter Gesprächspartner für Auftraggeber, Architekten, Ingenieure etc. Dabei genügt es nicht allein, die Bauleistung mit ihren technischen Qualitäten darzustellen – die bessere Technik muss durch überzeugende Argumente zum richtigen Zeitpunkt auch „verkauft" werden.

Denken wir beispielsweise nur an Nachtragsforderungen, so wird unmittelbar einsichtig, dass ein Bauleiter durch sein Verhandlungsgeschick schon im Vorfeld den Grundstein für den späteren Verhandlungserfolg legt. Dies wird ihm um so eher gelingen, je besser er die wichtigsten verhandlungspsychologischen Regeln und Gesprächstaktiken in eine Strategie einfließen lässt, die seinen Partner, gleich ob privater oder öffentlicher Auftraggeber, Architekt, Ingenieur oder wen auch immer, gedanklich in den Vordergrund stellen und ihm Problemlösungen bieten.

Und genau dieser Gedankengang hilft Ihnen, Zeit zu sparen. Schließlich will der Kunde nicht alles Mögliche sehen, sondern nur genau das, was ihn interessiert. Überlegen wir deshalb gemeinsam, wie Sie mit der 7-Schritt-Strategie zur Verhandlungsführung nicht nur Ihre Argumentationstechnik, sondern damit verbunden, Ihre Effektivität in der Verhandlungsführung auf der Baustelle optimieren.

Statt umständlich von „Hölzchen auf Stöckchen" zu kommen und das eigentliche Anliegen Ihres Partners eher zufällig herauszufinden, beraten Sie zielgerichtet und strukturiert. Je besser Ihre Argumentationstechnik, umso schneller kommen Sie auf den Punkt und zum Abschluss. Sie sparen nicht nur Zeit, Ihre Gesprächspartner sind überzeugt, in Ihnen den richtigen Ansprechpartner gefunden zu haben, jemanden, der weiß wovon er redet.

Bevor wir das Vorgehen in der Verhandlung selbst thematisieren, sollten wir jedoch zunächst darüber nachdenken, wie Sie Ihre Verhandlung optimal vorbereiten.

Mit einer guten Vorbereitung legen Sie den Grundstein zum Verhandlungserfolg, denn sie

- verschafft Ihnen ein höheres Maß an innerer Ruhe bei der Verhandlung
- ermöglicht Ordnung und Übersicht
- sorgt für mehr Selbstsicherheit und Selbstvertrauen
- erspart durch rationelle und zielgerechte Argumentation Energie, Zeit und Geld und verhindert Pannen
- verschafft dem Kunden einen besseren Eindruck und er erhält optimale Beratung = besseren Service

Bereiten Sie sich deshalb gewissenhaft vor, indem Sie

- auf alle unmittelbare und mittelbare Unterlagen und Hilfsmittel zur Vorbereitung der fachlichen Beratung zugreifen. Suchen Sie im Vorfeld den Austausch mit Kollegen, um Ihre inhaltliche Argumentation vorzubereiten, zu durchdenken, Ideen zu entwickeln, aufzugreifen und zu verwirklichen.
- Ihre Absichten zielbezogen, schriftlich detailliert und präzise in Form von Maximal- und Minimalzielen festlegen: „Mein Verhandlungspartner soll anschließend ..."
- Unterlagen und Hilfsmittel, wie Manuskripte, Beispiele, Anschauungsmaterial, z.B. Fotos, Grafiken und Übersichten sorgfältig zusammenstellen
- äußere Umstände, wie Atmosphäre und Aufmachung beachten
- sich auf den Partner einstellen und zwar im Hinblick auf Mentalität, Stellung, Stimmung, Alter, Geschlecht und Augenblickssituation

Die beste Vorbereitung nützt jedoch kaum etwas, wenn es Ihnen nicht gelingt, die Argumente in geeigneter Weise an den Mann zu bringen. Nutzen Sie die 7-Schritt-Strategie zur schnellen und erfolgreichen, effektiven Verhandlungsführung:

1. Vertrauen schaffen
2. Interessenlage klären
3. Problembewusstsein vermitteln
4. Nutzen bieten
5. Angebot konkretisieren
6. Ergebnis anstreben
7. Vertrauen festigen

## 10.1 Vertrauen schaffen und festigen

Ein Grundsatz jeglicher zwischenmenschlichen Kommunikation besagt, dass in jeder inhaltlichen Mitteilung gleichzeitig ein soziales Beziehungsangebot steckt: *So stehen wir zueinander!*

Auf der Beziehungsebene schaffen und festigen Sie Vertrauen durch Sicherheit im Auftreten, deutliche und wohlartikulierte Sprechweise, freundliche Mimik und angemessen unterstreichende Gestik, präzise Formulierung und zielgruppengerechte Wortwahl, sowie Übereinstimmungen zwischen Inhalten und Körpersprache.

Zeigen Sie sich als aufmerksamer Gesprächspartner, der seinen Partner selbst auf der unwirtlichen Baustelle durch kleine Gesten zuvorkommend wie ein guter Gastgeber behandelt. Achten Sie auf eine störungsfreie und entspannte Gesprächsatmosphäre, um Ihre Argumente wohl verpackt, ansprechend und überzeugend darzulegen.

## 10.2 Interessenlage klären

Nur wem es gelingt, sich ernsthaft in die Lage seines Gesprächspartners hinein zu denken, sich bildlich gesprochen „auf seinen Stuhl zu setzen“, vermag partnerorientiert zu argumentieren.

Um auf dem Gegenstuhl Platz nehmen zu können, klären Sie mit Hilfe geschickter Fragetechnik die Interessenlage Ihres Gesprächspartners. Ziehen Sie Informationen, indem Sie offen die Sichtweise Ihres Gegenübers erfragen.

Sie fragen offen, wenn Ihre Fragen in Form einer Bitte: „Schildern Sie mir bitte, wie sie sich den weiteren Verlauf vorstellen“ oder als W-Fragen geäußert werden. W-Fragen beginnen sämtlich mit einem Fragefürwort:

*W*er, *W*ie, *W*as, *W*ieso, *W*elche etc.

Sie öffnen vielfältige Antwortmöglichkeiten, z.B.: „Wie sieht die Planung für den nächsten Bauabschnitt aus?“

Demgegenüber stehen geschlossene Fragen, welche entweder mit einem Verb oder Hilfsverb beginnen:

„Ist es Ihnen recht, wenn wir nächste Woche mit dem Außenwandputz beginnen?“

Solche Fragen dienen der Kontrolle und Klärung, weil sie ein „Ja“ oder „Nein“ erfragen. Setzen Sie geschlossene Fragen erst dann ein, wenn Sie mit weiten offenen Fragen (Schaufel-Fragen: „An *w*elche Wärmedämmung haben Sie gedacht?“) in der Breite und mit präzisen offenen Fragen (Spaten-Fragen: „Für *w*elchen Außenwandputz haben Sie sich entschieden?“) in der Tiefe das „Terrain sondiert“ haben, sprich: die Interessenlage des Gesprächspartners geklärt und erfasst wurde.

Achten sie im Gespräch sorgfältig auf Suggestivformulierungen, die sich allzu schnell in geschlossene Fragen einschleichen können. Sie sind gut an kleinen Wörtchen erkennbar: „doch“, „wohl“, „sicher“, „auch“ und all den satzabschließenden Wendungen „ne?“, „woll“, „gell“ oder ähnlichen.

Suggestiv lautet die oben angeführte Kontrollfrage: „Es ist Ihnen *doch auch sicher* recht, wenn wir nächste Woche mit dem Außenwandputz anfangen, *ne*?“

Suggestivfragen klären nicht die Interessenlage des Partners, sondern zielen auf seine Beeinflussung. Es empfiehlt sich, sie zu vermeiden, wenn Sie ein unverfälschtes Bild von den Erwartungen und Wünschen Ihres Gesprächspartners anstreben.

Alternativfragen bieten dem Zuhörer eine Palette von Möglichkeiten. Einerseits besteht die Gefahr, dass gute Alternativen außer Acht gelassen werden, andererseits bietet sich die Chance „ungeliebte“ Möglichkeiten außen vor zu lassen:

„Wann passt es Ihnen – morgen Nachmittag oder übermorgen früh?“

Dass es dem Partner überhaupt nicht passen könnte, fällt unter dem Tisch.

Mit hypothetischen Fragen wird der Partner zum Mitdenken, der Vorstufe des Mittuns angeregt:

„Wie würden Sie entscheiden, wenn es im Rahmen Ihrer Kompetenz läge?

## 10.3 Problembewusstsein vermitteln

Nur wer ein Problem hat, wird für mögliche Lösungen aufgeschlossen sein. Wird ein Problem nicht gesehen oder ignoriert, sollten Sie danach streben, dieses bewusst zu machen, indem Sie ihren Partner auf „Ja“ einzustimmen und erst dann Alternativen anbieten. Hier ein Beispiel:

- Im Baugewerbe ist die Termineinhaltung stets gefährdet (Ja?)
- Leider können wir auf das Wetter kaum Einfluss nehmen (Ja!)
- Wir haben uns von daher einen Weg überlegt, wie wir sichern können, trotz des vorausgesagten schlechten Wetters rechtzeitig fertig zu werden (Ja?)
- Wir schlagen vor, dass ...

## 10.4 Nutzen bieten

Problemlösungen vorstellen alleine genügt nicht. Achten Sie sorgsam darauf, Ihrem Gesprächspartner Nutzen zu bieten. Schließlich will er nicht Ihre Leistungen bewundern, sondern sehen, was er davon hat. Spätestens hier macht sich bezahlt, dass Sie vorher die Interessenlage des Gesprächspartners erfragt haben. Sie können jetzt quasi „vom Gegenstuhl“ aus argumentieren. Als Gesprächstaktik setzen Sie die „Sie-Ansprache“ ein.

Sagen sie nicht „Wir schaffen Ihnen eine wirkungsvolle und wartungsfreie Fassade“, sondern überzeugen Sie durch: „Durch diese Fassade steigt *Ihr* Ansehen bei *Ihren* Kunden und *Sie* brauchen sich keine Sorgen über die Wartung zu machen“.

Wandeln Sie Produktmerkmale oder -eigenschaften (im Beispiel: „wirkungsvoll“ und „wartungsfrei“) in Produktvorteile für den Kunden um (im Beispiel: „Ansehen steigt“ und „keine Sorgen machen“).

Bei mehreren Argumenten empfiehlt es sich, mit einem aus Sicht des Partners „mittelstarken“ Argument zu beginnen, ein schwächeres folgen zu lassen und mit dem stärksten zu enden. Zu lange Argumentationsketten sollten vermieden werden und jedes Argument sollte in sich geschlossen und deutlich vom nächsten getrennt, einprägsam und empfängergerecht dargeboten werden.

Hier gilt: „In der Kürze liegt die Würze“. Bevor Sie zum nächsten Argument übergehen, prüfen sie durch Kontrollfragen, ob Sie Ihren Gesprächspartner richtig verstanden haben und bis dahin zustimmen.

Wenige starke Argumente überzeugen leichter als viele schwache: „*Weniger ist mehr!*“ – und Sie kommen schneller zum Ziel!

## 10.5 Angebot konkretisieren

Wenn Sie Ihr Angebot konkretisieren, beachten Sie, dass veranschaulichen besser ist als bloßes argumentieren und demonstrieren besser als veranschaulichen. Gleich, wer auch immer Ihr Partner ist, ob Auftraggeber, Architekt oder Ingenieur – Sie werden Ihre Beweisführung (Argumentieren heißt Beweise, Belege anführen) in einer Verhandlung vor Ort, sozusagen „in einem Heimspiel“ besser an den Mann bringen, wenn Sie zeigen und demonstrieren können.

Stellen Sie Ihre Problemlösung differenziert und nachvollziehbar dar:

es ist ...→ das liegt daran ... → daraus folgt ...!

Argumentieren Sie nicht nur von der Dienstleistung her, sondern achten Sie auch darauf, Ihr Bauunternehmen zu präsentieren. Legen Sie auch Ihr Know-how, Ihr Umfeld, Ihre Größe und Ihren Standort in die Waagschale.

Sprechen Sie vom Preis erst dann, wenn Ihre Argumentation angekommen ist. Je intensiver sich Ihr Partner mit ihren Vorschlägen auseinandersetzt, je stärker er sich für eine gemeinsame Problemlösung interessiert, um so eher und umso mehr wird er den dazugehörenden Preis auch akzeptieren.

Insofern stellen Einwände keine Hindernisse dar, sondern sie zeigen, wie es weitergehen kann und soll. Die besondere Problematik bei Verhandlungen auf der Baustelle liegt darin, Einwänden in angemessener Weise zu begegnen. Grundsätzlich gilt: Einwände heißen noch lange nicht, dass der Partner „nicht kaufen will“. Sie beweisen vielmehr, dass es seinem Gegenüber – also Ihnen – bislang noch nicht gelungen ist, ihn zu überzeugen.

Der einzig gangbare Weg, Einwände zu entkräften, liegt in der systematischen Vorbereitung. Mit gut sitzenden Standardformulierungen nehmen Sie Gesprächspartnern mit oft schon stereotypen, immer wiederkehrenden Einwänden den Wind aus den Segeln. Hier einige Beispiele:

- Diese Auffassung kann ich durchaus verstehen, nur ...
- Sie überlegen sehr fachmännisch, sollten jedoch auch in Erwägung ziehen, dass ...
- Sie stellen mir keine leicht zu beantwortende Frage, gestatten Sie mir daher, dass ich ...
- Ihr Einwand ist verständlich, und eben deshalb halte ich es für bedeutsam, dass wir ...

## 10.6 Ergebnis anstreben

Auch Partner, die sich nicht gleich entscheiden möchten, werden durch Worte gebunden, z.B.: „Ich glaube, alles gesagt zu haben. Herr S. nennen Sie mir ganz offen, ob Sie mit irgendeinem Punkt nicht einverstanden sind. (Warten) Dann sind ja alle Fragen soweit geklärt? Bei einem „Ja" werden Abwicklungsfragen erörtert: „Wie wollen wir verbleiben – möchten Sie/soll ich ...?"

## 10.7 Anforderungen an Bauleiter als Verhandlungsführer

Zur erfolgreichen Umsetzung der 7-Schritt-Strategie zur Verhandlungsführung sind neben fachlichen vor allem persönliche Fähigkeiten gefordert. Bauleiter sollten

- ein ansprechendes Äußeres haben
- freundlich, entgegenkommend, höflich und sicher im Auftreten sein
- Terminabsprachen einhalten
- sicher reden, gut und verständlich erklären können
- zuhören können
- Einwänden weich begegnen
- Kundenprobleme erkennen
- Geduld haben
- nicht überheblich sein
- Produkt- und Marktkenntnisse haben
- vom eigenen Produkt überzeugt sein
- die Konkurrenz achten und beachten
- präsentieren und demonstrieren können
- Reklamationen ernst nehmen

Beachtet er darüber hinaus die „10 Gebote erfolgreicher Verhandlungsführung“, steht einer schnellen, erfolgreichen Verhandlungsführung nichts mehr im Weg.

**Die 10 Gebote erfolgreicher Verhandlungsführung für den Bauleiter**

1. *Aufrichtiges Interesse zeigen*: den Partner anschauen, mimisch und gestisch mitgehen, sich ihm innerlich und äußerlich zuwenden, ihn und das Thema ernst nehmen!
2. *Den Partner persönlich ansprechen*: seinen Namen behalten und nennen, Sie-Ansprache, über seinen Nutzen, seine Erfahrung im Hinblick auf den Verhandlungsgegenstand sprechen, hervorheben, was das Thema für ihn bedeutet.
3. *Für entspanntes Klima sorgen*: freundlich und höflich sein, lächeln, locker und ausgeglichen wirken, sich offen zeigen.
4. *Gut zuhören*: voll auf den Partner konzentrieren, alles Gesprochene und Körpersprachliche registrieren, Verständnisfragen stellen, um zu signalisieren: ich habe gut zugehört.
5. *Nicht unterbrechen*: Ausnahme – Partner missversteht völlig.
6. *Niemals widersprechen*: auf Einwände weich eingehen, sich selbst beherrschen, die andere Sicht des Partners erkennen und anerkennen, Verständnis für das Gegenargument zeigen.
7. *Prestige-Diskussionen vermeiden*: nicht glänzen wollen, das eigene Recht nicht hervorkehren, bescheiden bleiben, weder fachlich noch moralisch schulmeistern.
8. *Gleichgewicht im Gespräch schaffen*: jeder soll sich frei äußern können, keine Monologe halten, sondern einen Dialog anstreben, auf ausgeglichenes Verhältnis der Sprechmengen achten, Pro- und Contra-Argumente gut verteilen.
9. *Nicht nur behaupten, sondern erläutern*: Aussagen begründen, erklären. Den Partner gedanklich zum Ziel hinführen, mit Beispielen verdeutlichen, möglichst Fragen begründen.
10. *Das „ICH“ im anderen schaffen*: Niemals das Selbstwertgefühl des Partners verletzen, angemessen bestätigen, immer den Eindruck vermitteln: Ich nehme Dich und Deine Aussage sehr ernst.

# 11 Stress – Erscheinungsformen und Gegenmaßnahmen

Situationen, in denen er sich überfordert, nervös, gereizt oder hilflos fühlt, kennt jeder Bauleiter zur Genüge. „Mensch, hatte ich heute wieder Stress!" ist zu einem fast alltäglichen Ausspruch geworden. Was steckt eigentlich hinter dem Allerweltsbegriff „Stress"?

Der Begriff „Stress" wurde 1950 in der Medizin und Psychologie von Hans Selye eingeführt. Nach Selye definiert sich Stress über *„die Belastungen, Anstrengungen und Ärgernisse, denen ein Lebewesen täglich durch viele Umwelteinflüsse ausgesetzt ist. Es handelt sich um Anspannungen und Anpassungszwänge, die einen aus dem persönlichen Gleichgewicht bringen können und bei denen man seelisch und körperlich unter Druck steht."*

Alle äußeren und inneren Anforderungen werden als *Stressoren* bezeichnet. Die gleichen Stressoren können bei unterschiedlichen Personen verschieden wirken. Ob ein Stressor zum gesundheitsschädlichen *Di*-Stress oder zum harmlosen oder sogar gesundheitsfördernden *Eu*-Stress führt, hängt davon ab, wie er bewertet wird.

Nehmen wir beispielsweise an, ein Bauleiter erhält von seinem Chef den Auftrag, beim Firmenjubiläum eines wichtigen Kunden ein Geschenk zu überreichen und eine kurze Rede zu halten. Allein schon die Vorstellung, sich vor Publikum präsentieren zu müssen und die damit einhergehende Angst, sich zu blamieren, setzt den Bauleiter seelisch und körperlich unter Druck. Er fühlt sich durch die Aufgabe maßlos überfordert und kommt buchstäblich ins Schwitzen. Je länger er über sein Redemanuskript brütet, umso weniger fällt ihm ein. Er reagiert *dis*harmonisch – Di-Stress hat sich entwickelt.

Etwa zur gleichen Zeit wird in einem anderen Bauunternehmen exakt der gleiche Auftrag erteilt. Der Bauleiter dort fühlt sich jedoch durch den Auftrag gleichermaßen gefordert und geehrt. Freudig erregt ruft er zu Hause an und erzählt seiner Frau, dass sein Chef ihm diese wichtige Aufgabe anvertraut hat. Gleich darauf setzt er sich an seinen Schreibtisch und bereitet konzentriert und kreativ seine Rede vor. Er sieht in dem Arbeitsauftrag keine Belastung, sondern eine Herausforderung, der er sich *eu*phorisch stellt – Eu-Stress ist entstanden.

Unser Beispiel unterstreicht, dass Stress aufgrund von unterschiedlichen Bewertungen des gleichen Stressors auf zwei Arten auftreten kann. Die Gegenüberstellung benennt die wesentlichen Merkmale.

**Eu-Stress = Positiver Stress**

- harmlos oder sogar gesundheitsfördernd
- fördert die Weiterentwicklung
- spornt zur Leistung an
- kann zur Höchstleistung führen
- Arbeit und Freizeit machen Spaß
- man zeigt gute Arbeitsergebnisse
- es treten nur wenig Stressreaktionen auf

**Di-Stress = Negativer Stress**

- gesundheitsschädlich
- Leistungsdruck
- man fühlt sich überfordert
- man wird planlos und / oder resigniert
- Die Leistung wird immer schlechter
- Freizeit wird zum Stress
- Fehler häufen sich
- die Krankheitsanfälligkeit steigt

Stressreaktionen zeigen sich auf vier Ebenen.

Auf der *kognitiven* Ebene beeinflussen sie unsere Denk- und Wahrnehmungsprozesse. Di-Stress führt hier zur Einengung der Wahrnehmung und Informationsaufnahme, Lern- und Gedächtnisleistungen nehmen messbar ab. Konzentrationsstörungen, Tagträume, Gedächtnis- und Leistungsstörungen und / oder Alpträume sind mögliche Folgen.

Bei Dauerstress wird vor allem die *emotionale* Ebene betroffen. Es entstehen unterschiedliche Zustände mit Gefühlen, die Angriffs- oder Fluchttendenzen auslösen oder aber Hilflosigkeit hervorrufen. Es resultieren Aggressionsbereitschaft, Angst, Unsicherheit, Unausgeglichenheit, Nervosität, Depressionen, Gereiztheit oder Hypochondrie (eingebildete Krankheiten).

Die Erhöhung der Reaktionsbereitschaft in Richtung Erregung wirkt sich auf der *vegetativ-hormonellen* Ebene auf das vegetative Nervensystem und alle angeschlossenen Organe und auf die Hormone aus. Mögliche Folgen sind Herz-Kreislauf-Beschwerden, labiler Blutdruck, Infarktrisiko, Gastritis, Darm- und Magengeschwüre, Schlafstörungen, Verdauungsbeschwerden, Müdigkeit, Verschiebung des Hormonhaushalts, Migräne, Schwitzen und bei Frauen Zyklusbeschwerden.

Auf der *muskulären* Ebene verbraucht ständige Anspannung viel Energie. Wir ermüden vorzeitig. Chronische Verspannungen ganzer Körperpartien sind die Folge. Allgemeine Verspanntheit, leichte Ermüdbarkeit, Krampfneigung, Muskelzittern, Rücken-, Nacken- und Kopfschmerzen sind mögliche Vorzeichen.

Sinnvollerweise sollten Sie Stressbewältigung nicht erst dann lernen, wenn Sie seelisch und körperlich unter Druck stehen. Nehmen Sie sich diese Erkenntnis zu Herzen nehmen und lassen Sie sich von dem Stressszenario unter Punkt 11.1. anregen, frühzeitig vorzubeugen. Wenn es um Stress geht, gilt uneingeschränkt:

*Vorbeugen ist besser als heilen!*

Wie Sie auf Dauer wirklichen Ausgleich zu ihrem hektischen baubetrieblichen Alltag schaffen, erfahren Sie unter Punkt 11.2.

## 11.1 Auswirkungen von negativem Stress richtig begegnen

Gestatten Sie mir, die möglichen Auswirkungen von Di-Stress ein wenig zu überzeichnen. Tun wir nur einmal so, als ob Sie Hauptakteur in meinem „Stressszenario" wären. Möglicherweise ist das eine oder andere etwas weit hergeholt – vielleicht aber auch nicht. Entscheiden Sie selbst!

Es beginnt damit, dass Sie betriebsam von Baustelle zu Baustelle hetzen, statt geplant vorzugehen. Letztlich stellt sich dann heraus, dass die ganze Hektik völlig unnötig war. Durch Ihre beinahe ungesteuerte Motorik haben Sie sinnlos wertvolle Energie vergeudet. Ihre Betriebsamkeit kann auf hohen Arbeitsanfall zurückgehen. Es ist aber auch möglich, dass Sie bestrebt sind, beschäftigt zu erscheinen, um Ihre Bedeutsamkeit zu unterstreichen und wegen Ihres Einsatzes besonders anerkannt zu werden.

Voll im Stress denken Sie nicht erst ruhig nach, bevor Sie handeln, sondern Sie reagieren spontan und damit unüberlegt. Fehlentscheidungen und Fehlhandlungen nehmen beträchtlich zu. Das wiederum verstärkt den Druck. So entsteht ein Teufelskreis.

Selbstverständlich arbeiten Sie bedeutend länger, als sie das nach Ihrem Arbeitsvertrag tun müssten. Eigentlich müsste Ihnen klar sein, dass Anwesenheit nicht mit Leistung gleichzusetzen ist. Nicht nur andere, auch Sie selbst nehmen nach einer gewissen Anzahl von Arbeitsstunden an Leistungsfähigkeit deutlich ab. Ihr Arbeitsergebnis steht immer weniger in einem sinnvollen Verhältnis zum dafür notwendigen Zeitaufwand.

Ihre geschäftlichen Gedanken verlassen Sie auch daheim nicht. Sie behelligen damit Ihre Frau, Ihre Kinder, andere Verwandte und Bekannte. Am negativsten wirkt sich Ihr Druck dadurch aus, dass Sie sich nachts von einer Seite auf die andere wälzen und den für Ihre Entspannung so wichtigen Schlaf nicht mehr ausreichend finden.

Je stärker der Druck, umso mehr Zigaretten konsumieren Sie und umso stärkeren Kaffee brauchen Sie. Außerdem beginnen sie, Tabletten in großer Stückzahl einzunehmen. Tagsüber nehmen Sie Aufputschmittel, was Ihre Einschlafstörungen verstärkt. Deshalb nehmen Sie abends starke Schlafmittel. Am Morgen sind Sie dann unausgeschlafen. Folglich sind Aufputschmittel an der Reihe. Wie lange soll Ihr Körper das noch aushalten?

In Ihrer Freizeit wollen Sie sich entspannen, aber Sie schaffen es nicht. So gönnen sie sich ein Gläschen Wein oder zwei – das entspannt nicht nur, es muntert sogar ein wenig auf. Kein Wunder, dass ihnen das gefällt und Sie sich nach und nach daran gewöhnen. Immer seltener kommen Sie am Abend ohne Ihre Gläschen Wein aus.

Es fällt Ihnen zunehmend schwerer, sich zu beherrschen, Ihre negativen Emotionen zu steuern. Schon ein kleiner Anlass kann Sie „auf die Palme bringen“. Ihre Mitarbeiter stehen Ihren Ausbrüchen hilflos gegenüber – wie sollte einer auch nur ahnen können, das solche Kleinigkeiten Sie „auf 180“ bringen?

Sie erwarten natürlich, dass in Ihrer Familie und bei den Bekannten, Rücksicht auf Ihre Überarbeitung genommen wird. Den Stress aus der Firma bringen Sie nicht nur mit, Sie beginnen Ihre nächsten Mitmenschen zu terrorisieren. Sie haben ja auch eine gute Entschuldigung: Ihre Erschöpfung!

Spätestens hier stellt sich die Frage: Muss erst das gesamte Stressszenario in Gang gekommen sein, damit Sie in Notwehr zur Eigenrettung schreiten?

Sie haben es in Ihrer Hand, in solche Stressszenarien erst gar nicht einzusteigen, bzw. jederzeit auszusteigen. Fünf Tipps helfen Ihnen, richtige Gegenmaßnahmen einzuleiten:

1. Nehmen Sie nicht jede Angelegenheit zu schwer!
2. Erzielen Sie bessere Ergebnisse durch ruhiges Überlegen!
3. Haben Sie Mut zum „Nein“!
4. Delegieren Sie bereitwillig!
5. Achten Sie auf Entspannung im Privatleben!

### 11.1.1. Nehmen Sie nicht jede Angelegenheit zu schwer!

Oft ist man oder wird man entweder von seinem Chef oder auch aus eigenem Antrieb auf eine bestimmte Problematik hin so stark fixiert, dass man sich nicht von Ihr lösen kann. Sie gewinnt dann einen Stellenwert im beruflichen, nicht selten auch im privaten Lebensbereich, die ihr nicht zukommen darf.

Wenn Ihnen so etwas geschieht, haben Sie zu wenig über die Bedeutung der Angelegenheit nachgedacht, sind vielleicht sogar vom noch stärker gestressten Chef zur falschen Einschätzung verleitet worden. Erwägen Sie daher, wenn sie sich durch die eine oder andere Angelegenheit stark unter Druck gesetzt fühlen, ob Sie dieser Angelegenheit nicht mehr Gewicht beimessen als sie verdient.

### 11.1.2. Erzielen Sie bessere Ergebnisse durch ruhiges Überlegen!

Sie müssen zwar unter Zeitdruck arbeiten, aber das sollte Sie nicht davon abhalten, stets zu prüfen, ob die Ihnen erteilte Aufgabe tatsächlich diese hohe Priorität hat. Ist die Aufgabe wirklich so wichtig? Muss sie tatsächlich so schnell erledigt werden?

Ein großer Fehler besteht darin, übereilt zu handeln, aus Angst, nicht rechtzeitig mit der Arbeit fertig zu werden. Stattdessen ist angebracht, zunächst kurz innezuhalten, die Priorität zu bestimmen und sich dann erst zu entscheiden, die Aufgabe systematisch geplant auszuführen.

### 11.1.3. Haben Sie Mut zum „Nein"!

Seien Sie bereit, zu einer Aufgabe „Nein" zu sagen, auch wenn Ihr Chef Ihnen diesen Bauauftrag geben will und das Problem Sie reizt, Sie aber klar erkennen, dass Sie jetzt schon, oder auf Dauer überfordert sind, bzw. sein werden.

Können Sie Ihren Ehrgeiz steuern oder beherrscht er Sie?

Sie tun weder sich selbst noch Ihrem Chef etwas Gutes, wenn Sie die eigenen Fähigkeiten überschätzen. Klar – man sollte ehrgeizig sein und nach Karriere streben, aber auch wissen und wahrhaben wollen, wo die eigenen Grenzen liegen. Weder Ihr Chef noch Ihre Kollegen werden Ihnen später helfen können, vielleicht auch nicht helfen wollen, wenn Sie – bedingt durch zahlreiche Überforderungen – in Ihrer Leistung absinken und / oder krank werden.

### 11.1.4. Delegieren Sie bereitwillig!

Selbstverständlich müssen Sie sorgsam prüfen, ob ein Mitarbeiter die Aufgabe bewältigen kann, die Sie delegieren können (vgl. Kap. 9). Sollten sie dennoch zu sehr fürchten, dass ihr Mitarbeiter versagt, führen Sie sich vor Augen, was für eine Delegation spricht:

- Auf Dauer können Sie die Ihnen übertragenen Aufgaben nicht mehr allein schaffen. Es bleibt nicht aus, dass Arbeiten liegen bleiben und möglicherweise erst nach Feierabend von Ihnen erledigt werden. Sie sind überfordert und liefern nicht die Qualität, die Sie erreichen wollen.
- Ihr Mitarbeiter muss Chancen zur Bewährung erhalten. Wie will er sich weiterqualifizieren, wenn Sie ihm nur Routineaufgaben übergeben? Was soll ihn motivieren?
- Sie zeigen Mut zum kalkulierten Risiko. Seien Sie bereit, Aufgaben auch dann zu delegieren, wenn eine gewisse Gefahr besteht, dass Ihr Mitarbeiter scheitert. Sie haben es in der Hand. Sie können abschätzen, ob Sie die Übertragung der Arbeiten schon wagen können. Fördern Sie durch Fordern!
- Sie überwinden Ihre eigene Bequemlichkeit. Schließlich ist es nicht leicht, Aufgaben echt zu delegieren. Sie müssen nämlich Geduld beim Einarbeiten des Mitarbeiters zeigen, Fingerspitzengefühl entwickeln und ihn immer wieder durch angemessenes Lob ermutigen.

### 11.1.5. Achten Sie auf Entspannung im Privatleben!

Für viele Bauleiter besteht die Gefahr, dass sie ganz im Betrieb aufgehen. Zählen Sie auch dazu? Oder haben Sie eine glückliche Zweiteilung vorgenommen zwischen hohem Engagement während der Arbeitszeit, sicher mehr als acht Stunden am Tag, und echter Entspannung in der Freizeit?

Nach der geistigen Anstrengung im Betrieb sollte das körperliche Training in der Freizeit nicht zu kurz kommen. Entspannen fällt leichter, wenn nach Feierabend etwas gänzlich anderes getan wird als im Betrieb.

Wenn Sie gemäß diesem Grundsatz handeln, dient das nicht nur Ihrer Erholung, es nutzt auch Ihrem Unternehmen. Schließlich leistet ein unausgeruhter Bauleiter bei Arbeitsbeginn um vieles weniger als ein ausgeruhter, der sich entspannt hat.

## 11.2 Stressbewältigung durch dauerhaften Ausgleich

Sorgen Sie dafür, dass das Gleichgewicht zwischen Beanspruchung einerseits und Erholung andererseits auf Dauer stimmt. Jeder von uns kann zwar über einen begrenzten Zeitraum Höchstleistungen erbringen, wir sollten uns aber nicht einbilden, grenzenlos belastbar zu sein. Wir verfügen weder über die geistigen noch körperlichen Möglichkeiten, um ständig bis an unsere persönlichen Grenzen zu gehen. Wir sind uns selbst gegenüber in der Pflicht, für einen angemessenen Ausgleich zu sorgen.

Nehmen Sie sich selbst und die eigene Gesundheit wichtig. Legen Sie Wert darauf, sich selbst etwas Gutes zu tun. Tragen Sie Ihre Ausgleichsaktivitäten mit einer hohen Priorität ebenso in Ihr Zeitplanbuch ein, wie berufliche Ziele und Termine.

Gerade in Zeiten starker Arbeitsbelastung sinkt häufig die Bereitschaft, sich positiven Ausgleich zu verschaffen. Angenehme Hobbies und Freizeitaktivitäten werden weniger wahrgenommen und auch weniger genossen. Unerledigte Arbeiten, Zeitdruck und beruflicher Ärger bestimmen unser Denken und Handeln. Resultat: Wir stürzen geradezu in unsere Arbeit.

So paradox es klingt – gerade im Dauerstress müssen wir die Zügel besonders fest in die Hand nehmen, uns also unter Druck setzen, um uns Zeit für einen angemessenen Ausgleich zu nehmen.

Schaffen Sie sich Freiraum für Zufriedenheitserlebnisse. Genießen Sie entspannende, positive Erlebnisse im Alltag ohne schlechtes Gewissen. Sollten Sie sich zu rastlos und zu erschöpft fühlen, um aufwendigere Aktivitäten wie Theater- und Konzertbesuche wahrzunehmen, dann beginnen Sie eben mit „kleineren" Vergnügungen. Am besten fangen sie sofort damit an!

Für den Fall, dass Sie nicht wissen, was genau Sie denn nun mit A-Priorität in Ihr Zeitplanbuch notieren – hier eine (sicher unvollständige) Liste möglicher Freizeitaktivitäten:

- Veranstaltungsbesuche: Theater, Konzert, Ausstellung, Museum, Kino, Sport
- Spazieren gehen, Einkaufsbummel
- Bücher, Zeitschriften lesen, Denksportaufgaben lösen
- Tages- oder Wochenendausflug, Verreisen, Urlaub
- Werken, Basteln, Musizieren, Fotografieren, Gärtnern, dem persönlichen Hobby nachgehen, Sport treiben
- Faulenzen, auf der Terrasse liegen, Wolken beobachten, dem Sonnenuntergang zuschauen
- Gäste einladen, Partys besuchen, Besuche machen, gepflegt Essen gehen
- Etwas gemeinsam mit Freunden unternehmen, Gesellschaftsspiele machen
- Mit den Kindern spielen
- Sich mit Tieren beschäftigen
- Ausgiebig baden, in die Sauna gehen, Wellness betreiben

Und damit wir gleich „Nägel mit Köpfen machen" – wählen Sie mindestens drei Aktivitäten aus, die Sie noch in dieser Woche verwirklichen!

Achten Sie auch darauf, sich ausreichend zu bewegen. Etwa 85 % unserer Arbeitszeit verbringen wir im Sitzen an Schreib- oder Besprechungstischen, im Auto oder öffentlichen Verkehrsmitteln. Wenn wir im Stuhl sitzen, verkümmern unsere 500 Muskeln. Unsere Muskulatur leistet gerade so viel, wie von ihr verlangt wird – je weniger, umso deutlicher büßt sie an Leistungsfähigkeit ein. Auch unser Herz-Kreislauf-System arbeitet immer weniger ökonomisch.

Es ist nicht nötig und wohl auch kaum realistisch, den täglichen Sitz-Stress durch zweistündige allabendliche Fitness-Trainings ausgleichen zu wollen. Nutzen Sie deshalb die „kleinen" Möglichkeiten zur körperlichen Bewegung während Ihres Arbeitstages:

- Vertreten Sie sich vor und nach Ihrer Mittagsmahlzeit kurz die Beine: Drehen Sie eine Runde um den Block!
- Plazieren sie Ihren Papierkorb etwas weiter weg von Ihrem Schreibtisch, stellen sie häufig benutzte Akten ganz oben ins Regal.
- Gehen Sie zu Ihren Kollegen, statt mit Ihnen zu telefonieren.
- Steigen Sie Treppen statt mit dem Aufzug zu fahren.
- Lesen Sie Ihre Post, Akten im Stehen (am Stehpult).
- Sitzen Sie dynamisch: wechseln Sie zwischen vorgeneigter, aufrechter und zurückgelehnter Sitzhaltung und schonen Sie so Rücken und Bandscheiben.
- Praktizieren Sie Ausgleichübungen: Lassen Sie Schultern und Arme locker hängen. Drehen Sie den Kopf abwechselnd von rechts nach links, und von links nach rechts. Ihr Kopf ist bei den Drehbewegungen leicht nach vorne gebeugt. Ihr Blick richtet sich dabei nach unten.

Umfassende und hochwirksame Unterstützung bei der Stressbewältigung bieten darüber hinaus systematische Entspannungsmethoden wie das „Autogene Training" nach Prof. J. H. Schultz oder die „Progressive Muskelentspannung" nach Edmund Jacobson.

Die systematischen Entspannungsübungen beider Methoden führen dazu, dass

- sich das Erregungsniveau senkt,
- sich die Belastbarkeit erhöht,
- positive Veränderungen in der Selbsteinschätzung auftreten,
- Angstbereitschaft abnimmt und
- bereits bestehende psychosomatischen Beschwerden wie Spannungskopfschmerz oder Herz-Kreislaufstörungen abgebaut werden.

Beide Methoden bewirken, dass unser Körper in einen Ruhezustand mit vermindertem Energieverbrauch versetzt wird:

- Sauerstoffverbrauch nimmt ab
- Herzfrequenz wird reduziert
- Blutdruck wird gesenkt
- Hautdurchblutung verbessert sich
- Der Spiegel bestimmter Hormone im Blut wird abgesenkt.

Beide Verfahren legen mit Ihrer systematischen Methodik den Grundstein zur Erregungsreduktion, bauen funktionelle Beschwerden ab und bewirken auf der emotionalen Ebene Gelassenheit, Ruhe und Erholung. Die erreichte Entspannung bezieht sich nicht nur auf die physiologische Lockerung der Muskulatur sondern Sie erzeugt auch eine positive innere Haltung.

Ziel des autogenen Trainings nach Prof. J. H. Schultz ist es, durch Konzentration und Selbstbeeinflussung einen Zustand herbeizuführen, der auf der Grenze zwischen Wachen und Schlafen liegt. Bei richtiger Anwendung entsteht durch die „konzentrative Entspannung" ein Gefühl der Schwere, durch die Erweiterung der Blutgefäße ein Gefühl der Wärme und schließlich ein Gefühl der tiefen inneren Ruhe.

Besonders leicht erlernbar ist die progressive Muskelentspannung nach Edmund Jacobson:

Muskuläre Spannungen sind mit vegetativen und zentralnervösen Prozessen verknüpft, die Stressreaktionen steuern. Wird muskuläre Spannung abgebaut, bewirkt dies Entspannung. Gezielt werden bestimmte Muskelgruppen verstärkt angespannt. Daraufhin erfolgt eine tiefe Entspannung der Muskulatur.

Durch Anwendung der progressiven Muskelentspannung lernen Sie, Anspannung und Entspannung gezielt voneinander zu unterscheiden. Mit der fortschreitenden (= progressiven) Abfolge von Anspannung und Entspannung auf allen Muskelgruppen entsteht zunächst auf der muskulären und dann auf der gesamten Verhaltensebene Entspannung. In der Langform werden nacheinander folgende Muskelgruppen an- und entspannt:

- Rechte Hand
- Linke Hand
- Arme und Hände
- Schultern
- Füße
- Beine
- Rücken
- Hals
- Gesicht
- Augen

Es lassen sich aber auch schon gute Erfolge mit Kurzformen der progressiven Muskelentspannung erzielen. Bei Stress am Schreibtisch empfiehlt sich eine Übungsfolge, deren Wirksamkeit mir von vielen Teilnehmer/innen an Seminaren zur Stressbewältigung bestätigt wurde.

Die Spannung in den nachfolgend benannten Muskelgruppen sollten Sie jeweils für fünf Sekunden halten. Gehen Sie Abfolge zweimal durch. Danach sollten Sie sich eine knappe Minute auf die tiefe Entspannung konzentrieren, die auf die Anspannungsphase erfolgt.

**Progressive Muskelentspannung bei Stress am Schreibtisch**

1. Ziehen Sie Ihre Zehen im Sitzen kopfwärts und drücken Sie Ihre Fersen kräftig zum Boden. Spannen Sie dabei Waden und Oberschenkelmuskulatur an!
2. Spannen Sie Ihre Gesäßmuskulatur an!
3. Ballen Sie beide Hände zu Fäusten, strecken Sie sie neben der Sitzfläche nach unten und drehen Sie sie maximal einwärts. Ihre Schultern sollten dabei nach hinten gezogen sein. Spannen sie die Muskulatur der Schultern, Hände und Arme an.
4. Spreizen Sie maximal Ihre Finger seitlich vom Körper weg. Drehen Sie die Handflächen nach oben, wobei die Daumen nach hinten zeigen. Schneiden Sie zusätzlich Grimassen.
5. Führen Sie Ihren linken Arm hinter dem Kopf zur rechten Schulter. Drücken Sie mit dem Hinterkopf nach außen und halten sie mit dem Unterarm dagegen.
6. Führen Sie die gleiche Anspannung mit dem rechten Arm aus.

Schließen Sie nach der zweimaligen Ausführung der Abfolge Ihre Augen und konzentrieren Sie sich auf die angenehm entspannenden Effekte der progressiven Muskelentspannung.

Neben den beiden skizzierten Entspannungsverfahren hilft – „last but not least“ – erfolgreiches Zeitmanagement, berufliche Belastungen zu bewältigen.

Nutzen sie die „Checkliste zur Schlussbetrachtung“. Haken Sie ab, was Sie umgesetzt haben. Setzen sie nach, wenn sie Handlungsbedarf entdecken. Das Stichwortverzeichnis hilft Ihnen bei der Suche nach Tipps, wenn Sie sich erinnern möchten, wie Sie Ihr Zeitmanagement weiter optimieren können.

# 12 Checkliste zur Schlussbetrachtung

| Was Sie am Ende umgesetzt haben sollten ... | JA? |
|---|---|
| 1. Haben Sie die Bedeutung des Zeitmanagement klar erkannt? | |
| 2. Verfügen Sie über einen klaren, eindeutigen Lebensplan mit wohlgeformten Zielen? | |
| 3. Sind Ihre Ziele überlegt und zweckmäßig aufgestellt? | |
| 4. Wissen Sie genau, was sie langfristig erreichen wollen? | |
| 5. Haben Sie Zeitinventuren durchgeführt? | |
| 6. Haben sie festgestellt, wann wie viele Störungen Ihre Arbeit beeinträchtigen? | |
| 7. Haben Sie eine Liste der wesentlichen Zeitdiebe erstellt? | |
| 8. Haben Sie einen klaren Plan für den heutigen Tag? | |
| 9. Bereiteten Sie gestern die Arbeit für heute so vor, dass Sie morgens zügig anfangen konnten? | |
| 10. Setzen Sie effektiv Prioritäten? | |
| 11. Haben Sie in Ihrer Planung alle Arbeitsschritte und die dafür anfallenden Zeiten sorgfältig bedacht? | |
| 12. Sind Ihre Tagespläne erfüllbar und praxisgerecht? | |
| 13. Benutzen sie ein Zeitplanbuch? | |
| 14. Klappt Ihre Abschirmung gegen ungeliebte Besucher – kennen Sie Techniken Sie zu verscheuchen? | |
| 15. Haben Sie Ihre Planung mit „Mut zur Lücke“ so gestaltet, dass andere wesentliche Arbeiten nicht zu kurz kommen? | |
| 16. Überlegten Sie, wer zeitaufwendige Arbeiten übernehmen kann, um Sie zu entlasten? | |
| 17. Versicherten Sie sich, dass niemand Ihre Planung mit Zusatzarbeiten „umwerfen“ kann? | |
| 18. Steht die Organisation der Arbeit so, dass sie mit der geplanten Zeit zurechtkommen? | |
| 19. Haben Sie Zwischenkontrollen eingebaut, anhand derer Sie erkennen können, ob Sie zurechtkommen oder ob Zusatzmaßnahmen nötig sind? | |
| 20. Haben Sie eine Checkliste für Unerledigtes, um die Durchführung noch zu erreichen? | |

| Fortsetzung von **Was Sie am Ende umgesetzt haben sollten ...** | **JA?** |
|---|---|
| 21. Organisierten Sie in letzter Zeit Ihren Arbeitsplatz neu, um effektiver zu arbeiten? | |
| 22. Beachten Sie Leistungskurven bei ihrer Tagesplanung? | |
| 23. Nutzen Sie die Hochs in der Leistungsfähigkeit für die wichtigen Arbeiten? | |
| 24. Sind Sie stets bereit, mit Menschen zusammenzuarbeiten und Aufgaben weiter zu geben? | |
| 25. Schaffen sie es, bei eigener Überlastung andere einzuspannen, um nicht alles selbst machen zu können? | |
| 26. Lassen Sie Ihren Kollegen und Mitarbeitern genügend Spielraum, um eigene Entscheidungen treffen zu können? | |
| 27. Wehren Sie sich, wenn Vorgesetzte, Kollegen und Mitarbeiter Ihnen immer mehr Arbeit aufbürden wollen? | |
| 28. Haben Sie „stille Zeiten" für kreative, unternehmerische Arbeiten? | |
| 29. Planen Sie bei Gesprächen und Besprechungen konsequent die Zeit vor – teilen Sie das zu Beginn deutlich mit? | |
| 30. Bereiten Sie Ihre Gespräche und Besprechungen gedanklich und schriftlich so vor, dass Sie in allen Fragen kompetent sind? | |
| 31. Führen Sie Gespräche und Besprechungen diszipliniert – achten Sie konsequent darauf, in der vorgesehen Zeit zu bleiben? | |
| 32. Halten Sie Gesprächsergebnisse stichwortartig fest? | |
| 33. Kontrollieren Sie regelmäßig die Ergebnisse Ihres Zeitmanagements? | |
| 34. Motivieren Sie Ihre Mitarbeiter, Zeitmanagement zu betreiben? | |
| 35. Unternehmen Sie vorausplanend etwas, um Ihren Stress zu bewältigen? | |
| 36. Belohnen Sie sich und andere, wenn etwas gelang? | |
| 37. Arbeiten Sie kontinuierlich an der Optimierung Ihres Zeit- und Selbstmanagements? | |

# 13 Literaturliste


BAMBERG, E. (Hrsg.), DUCKI A., Metz, A.-M. (1998). Handbuch betriebliche Gesundheitsförderung, Göttingen: Verlag für angewandte Psychologie

BRENDT, D. (1995). Menschenführung im Baubetrieb, Neu-Isenburg: ztv-Verlag

BRENGELMANN, J.C. (1993). Erfolg und Streß, Weinheim: Beltz

BRIES-NEUMANN, G. (1996). Professionell telefonieren, Wiesbaden: Gabler

COMELLI, G. (1995). Führung durch Motivation. München: Beck

DIEßNER, H. (1999). Praxiskurs Selbst-Coaching, Paderborn: Junfermann

DOGS, W. (1991). Konzentrative Entspannungstherapie (18. Aufl.), Duisburg: Braun

FISHER R., URY. W., PATTON B. (1998). Das Harvard-Konzept (17. Aufl.), Frankfurt/Main: Campus

GROS, E. (Hrsg.) (1994). Anwendungsbezogene Arbeits-, Betriebs- und Organisationspsychologie, Göttingen: Verlag für Angewandte Psychologie

HOFMANN, E. (1999). Progressive Muskelentspannung, Göttingen: Hogrefe

HOFMANN, E. (2001). Weniger Stress erleben, Neuwied-Kriftel: Luchterhand

MANKELL, H. (2002). Wallanders erster Fall, Wien: Zsolnay

MEIER-KOLL A. (1995). Chronobiologie, München: Beck

NIERMEYER, R. (2001). Motivation, Freiburg i. Br.: Haufe

PERRY S., DAWSON J. (1992). Chronobiologie, München: Heyne

POLATSCHEK, K. (2002). Die Evolution des Versagens, Frankfurter Allgemeine Sonntagszeitung (13.01.02), Frankfurt: FAZ-Verlag

RAUEN, C. (Hrsg.) (2002). Handbuch Coaching, Göttingen: Hogrefe

SCHELP, T. (1997). Rational-Emotive Therapie. Bern: Huber

SCHULER, H. (Hrsg.) (2001). Lehrbuch der Personalpsychologie, Göttingen: Hogrefe

SPERLING, J.B. (1997). Führungsaufgabe Moderation (2. Aufl.), Planegg: WRS

STROEBE, R.W. (1995). Arbeitsmethodik 1 (7. Aufl.), Heidelberg: Sauer

STROEBE, R.W. (1993). Arbeitsmethodik 2 (5. Aufl.), Heidelberg: Sauer

THOMAS, A.M. (1998). Coaching in der Personalentwicklung, Bern: Huber

TOSCH, M. (1997). Besprechungen moderieren, Eichenzell: Neuland

WATERHOUSE, H.M., MINORS D.S., WATERHOUSE M.E. (1992). Die innere Uhr, Bern: Huber

WEIß, J. (1992). Selbst-Coaching (3.Aufl.), Paderborn: Junfermann

# 14 Stichwortverzeichnis

# 15 Zum Autor

Dieter Brendt, geb. 1954,
Diplompsychologe, ABO-Psychologie, RWTH Aachen,
Supervisor, BDP

Bis 1989 langjährige Berufserfahrungen als Techniker (zuletzt in leitenden Positionen: Dienstellenleiter beim Deutschen Wetterdienst, geschäftsführender Bereichsleiter in einer Werkstatt für Behinderte). Studium über den 2. Bildungsweg, finanziert über unternehmerische Tätigkeiten im Baugewerbe.

Von 1989 bis 1995 (nach einer Trainee-Ausbildung) Trainer und Personalberater im Pädagogischen Institut für die Wirtschaft (PIW).

Seit 1995 freiberuflich in unterschiedlichen Branchen tätig.

Tätigkeitsfelder in Baugewerbe und -industrie:

- Zeit- und Selbstmanagement
- Führung
- Kommunikation und Kooperation
- Coaching
- Train the Trainer

expert verlag®

Erlesene Weiterbildung®

**Dipl.-Psych. Dieter Brendt**
**unter Mitarbeit von Johannes Brendt**

# Zeitmanagement für Handwerker

## Anleitung zum Selbstcoaching und zur optimalen Zeitgestaltung

2011, 179 S., zahlr. Abb., Checklisten u. Arbeitsblätter,
39,80 €, 66,00 CHF
(Praxiswissen Wirtschaft, 128)
**ISBN 978-3-8169-3077-8**

**Zum Buch:**
Immer wieder berichten Handwerker davon, wegen Arbeitsüberlastung und Zeitnot in Situationen zu geraten, in denen sie nur noch reagieren statt zu agieren. Wichtige Aufgaben werden erst nach offiziellem Arbeitsschluss erledigt, häufig resultieren Berufs-Freizeit-Konflikte. Viele fragen sich, wie sie gegensteuern können, wie sich ihre Zeit optimal gestalten lässt und wie sie das Steuer in der Hand behalten, statt gelenkt zu werden.
Das Buch zeigt auf der Grundlage bewährter Erkenntnisse aus der angewandten Psychologie, welche Faktoren im betrieblichen Alltag von Handwerkern sich wie und warum negativ auf ihr Zeit- und Selbstmanagement auswirken. Es bietet den Lesern neben bewährten Methoden des persönlichen Zeitmanagements auch wohlgeprüfte Techniken zum Selbstcoaching. Den Lesern erschließt sich eine breite Palette an unmittelbar umsetzbaren, praxisnahen Möglichkeiten, um planvoll und erfolgreich ihren Arbeitsalltag zu gestalten.

**Inhalt:**
Zeitmanagement, eine Frage der Persönlichkeit? – Techniken und Methoden im Regelkreislaufmodell des persönlichen Zeit- und Selbstmanagements, analog zu den Stufen: Ziele setzen, Planen, Entscheiden, Ausführen, Kontrollieren – Stressmanagement

**Blätterbare Leseprobe**
**und einfache Bestellung unter:**
**www.expertverlag.de/3077**

**Die Interessenten:**
Handwerker aller Richtungen

**Der Autor:**
Dipl.-Psych. Dieter Brendt, Coach, Trainer und Berater ist bundesweit tätig in Verbänden des Handwerks sowie in Firmen der Metall- und Elektroindustrie, des Baugewerbes und im Öffentlichen Dienst
Themen: Zeit- und Selbstmanagement, Führung, Kommunikation und Kooperation
Fachbuchautor. Im expert verlag erschienen u.a. Gesundheitsmanagement als Führungsaufgabe, Burnout am Arbeitsplatz. – Kontakt: BRENDT-TRAINING@t-online.de

**Bestellhotline:**
**Tel: 07159 / 92 65-0 • Fax: -20**
**E-Mail: expert@expertverlag.de**

**expert verlag®**

**Erlesene Weiterbildung®**

**Dipl.-Psych. Dieter Brendt,**
**Dr. Christoph Hühnerbein-Sollmann**

# Zeitmanagement bei Auslandseinsätzen

**Anleitung zum Selbst-Coaching für ein optimales Zeit-, Ziel- und Ressourcenmanagement in der interkulturellen Zusammenarbeit**

2009, 153 S., zahlr. Abb., Checklisten, Arbeitsblätter,
38,00 €, 63,00 CHF (Praxiswissen Wirtschaft, 121)
**ISBN 978-3-8169-2872-0**

**Zum Buch:**
»Wenn einer eine Reise tut, dann kann er viel erzählen ...« – und das gilt in besonderem Maße für Fach- und Führungskräfte, wenn sie Geschäftsreisen unternehmen oder für längere Zeit ins Ausland entsandt werden. Wer über Ländergrenzen und Zeitzonen erfolgreich sein möchte, muss nicht nur in der Lage sein, sich selbst optimal zu organisieren, sondern auch bei geschäftlichen Aktivitäten flexibel die lokalen Gegebenheiten berücksichtigen. Es gilt, den jeweiligen kulturellen Kontext zu berücksichtigen und die Verschiedenartigkeiten in der interkulturellen Zusammenarbeit als Chance zu begreifen, wenn »das Ganze mehr als die Summe seiner Teile« werden soll.
In diesem Buch vermitteln die Autoren auf der Grundlage bewährter Anregungen aus der angewandten Psychologie in Verbindung mit fundiertem Wissen aus der Ethnologie grundlegende Zeitmanagement-Prinzipien und Empfehlungen zur effizienten Selbstorganisation für erfolgreiche Auslandseinsätze. Die Autoren können dabei sowohl auf eigene einschlägige Berufserfahrungen aus Einsätzen in Europa und Übersee als auch auf Beispiele aus Coachingmaßnahmen für Global Players zurückgreifen. Den Lesern erschließt sich eine breite Palette an unmittelbar umsetzbaren, praxisnahen Möglichkeiten, um planvoll und wirkungsvoll ihren Arbeitsalltag in den wichtigsten Partnerländern zu gestalten.

**Blätterbare Leseprobe und einfache Bestellung unter: www.expertverlag.de/2872**

**Inhalt:**
Über den kulturbedingten Umgang mit der Zeit – Kann Zeit wirklich eingespart werden? Grundlegende Prinzipien des Zeit-, Ziel- und Ressourcenmanagements bei Auslandseinsätzen – Analyse und Controlling des persönlichen Arbeitsstils – Maßnahmen zur effektiven Arbeitsgestaltung: Arbeitsziele und Prioritätensetzung, Aufgabenschwerpunkte und Bewertung unter Berücksichtigung anderskulturell bedingter Gegebenheiten – Organisation von Routinearbeiten – Methoden des Selbstmanagements bei der Entsendung ins Ausland – (Tele-)Kommunikation als zeitsparende Alternative im interkulturellen Kontext – (Reise-)Stressmanagement

**Die Interessenten:** International agierende Fach- und Führungskräfte aller Branchen

**Die Autoren** sind tätig als Coachs, Trainer und Berater in und für weltweite Unternehmen unterschiedlichster Branchen sowie als Fachbuchautoren.

**Im expert verlag erschienen**:
D. Brendt: Zeitmanagement für den Bauleiter, Zeitmanagement für Techniker und Ingenieure (unter Mitarbeit von Johannes Brendt), D. Brendt und Dr. C. Hühnerbein-Sollmann: Gesundheitsmanagement als Führungsaufgabe, Zeitmanagement für den öffentlichen Dienst

**Bestellhotline:**
**Tel: 07159 / 92 65-0 • Fax: -20**
**E-Mail: expert@expertverlag.de**

expert verlag®

Erlesene Weiterbildung®

**Dipl.-Ing., Betriebswirt (VWA) Herbert Walker**

# Die optimierte Baustellenabwicklung

## Geldwerte Praxistipps für Vorbereitung und Durchführung

2004, 142 S., mit Formularen u. Checklisten,
29,00 €, 49,60 CHF
(Reihe Technik)
**ISBN 978-3-8169-2379-4**

**Zum Buch:**

Das Buch gibt wertvolle Anregungen für die Vorbereitung und Durchführung von Bauprojekten, die mit eigenen Mitarbeitern erstellt werden.
Es beginnt mit Hinweisen auf die bereits in der Kalkulation und in den Auftragsverhandlungen zu treffenden Vorbereitungen für die erfolgreiche Abwicklung. – Neben der Arbeitsvorbereitung kommt dem Einkauf unter den richtigen logistischen Rahmenbedingungen eine besondere Bedeutung zu. – Erhält man Pläne rechtzeitig (und das ist möglich), ist das ein weiterer wichtiger Meilenstein. – Doch entscheidend sind Zielvereinbarungen mit allen am Projekt beteiligten Mitarbeitern; denn wenn Ziele vereinbart und akzeptiert werden, steigt die Wahrscheinlichkeit, zumindest das Ziel zu erreichen. – Auch die betriebswirtschaftlichen Belange und das Controlling werden ausführlich behandelt. – Der richtige Umgang mit dem Kunden und seinem Planer entscheidet nicht nur über die Durchsetzung von Nachträgen, sondern auch über eine reibungslose Abnahme und die vollständige, schnelle Bezahlung. – Im Anhang werden Checklisten und Formulare vorgestellt, die entsprechend angepasst werden können.

**Inhalt:**

Aufgaben in der Kalkulation und Auftragsbeschaffung – Grundlagen der Arbeitsvorbereitung – Einkauf und Logistik – Abwicklung auf der Baustelle – Zielvorgaben für die Baustelle – Nachtragsmanagement – Betriebswirtschaftliches Handeln – Projektauswertung – Anhang: Formulare und Checklisten

**Blätterbare Leseprobe und einfache Bestellung unter: www.expertverlag.de/2379**

**Die Interessenten:**

Das Buch wendet sich an alle Führungs- und Fachkräfte der Bauindustrie und des Baugewerbes aus den Bereichen Geschäftsleitung, Technische Leitung, Oberbauleitung, Bauleitung, Arbeitsvorbereitung und Kalkulation.

**Der Autor**

ist Diplomingenieur und Betriebswirt (VWA). Er arbeitete zwölf Jahre in mittelständischen Bauunternehmen und ist jetzt als selbstständiger Unternehmensberater tätig. Er wirkte in zahlreichen Entwicklungsprojekten mit und ist durch mehrere Veröffentlichungen hervorgetreten.

**Bestellhotline:**

**Tel: 07159 / 92 65-0 • Fax: -20**
**E-Mail: expert@expertverlag.de**